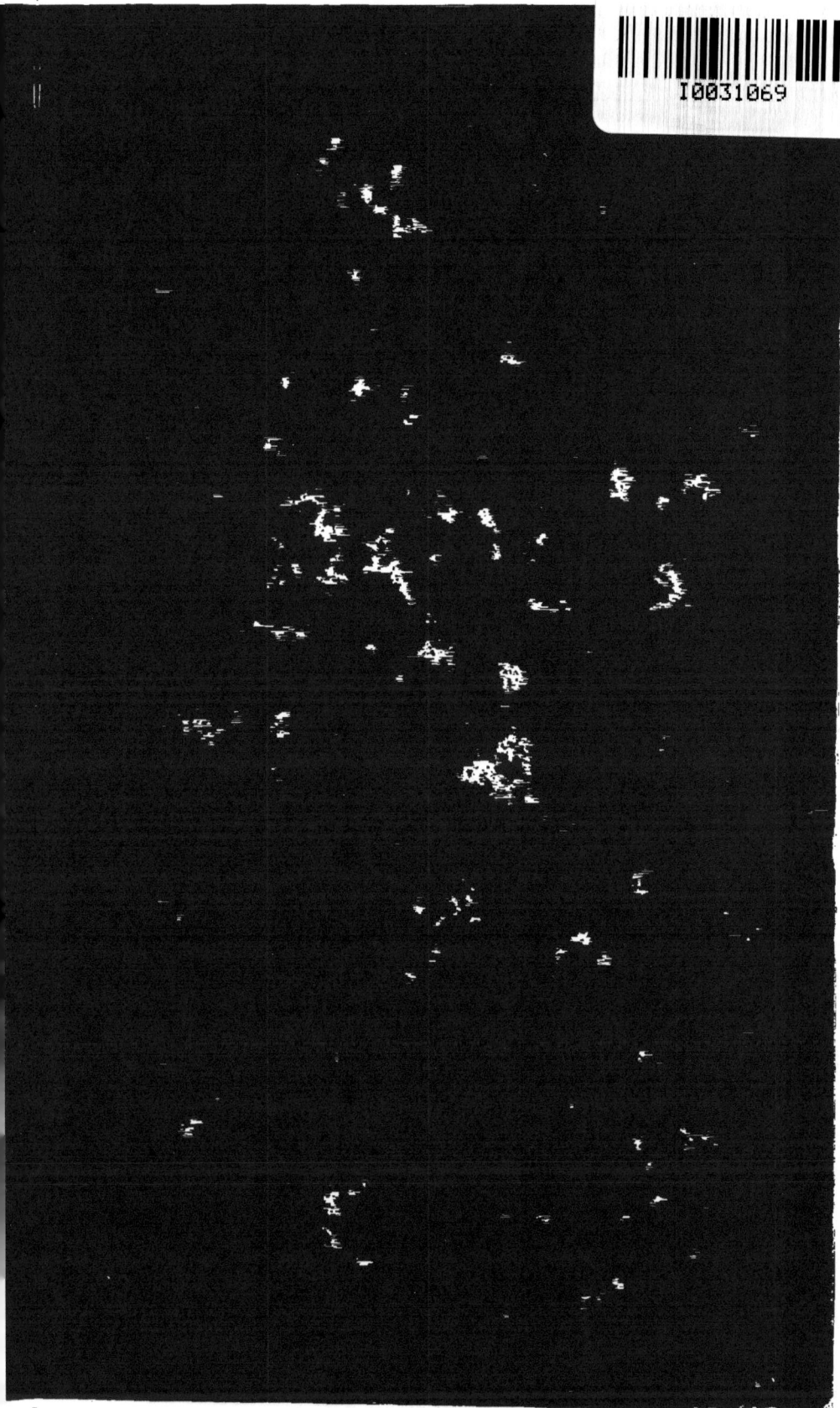

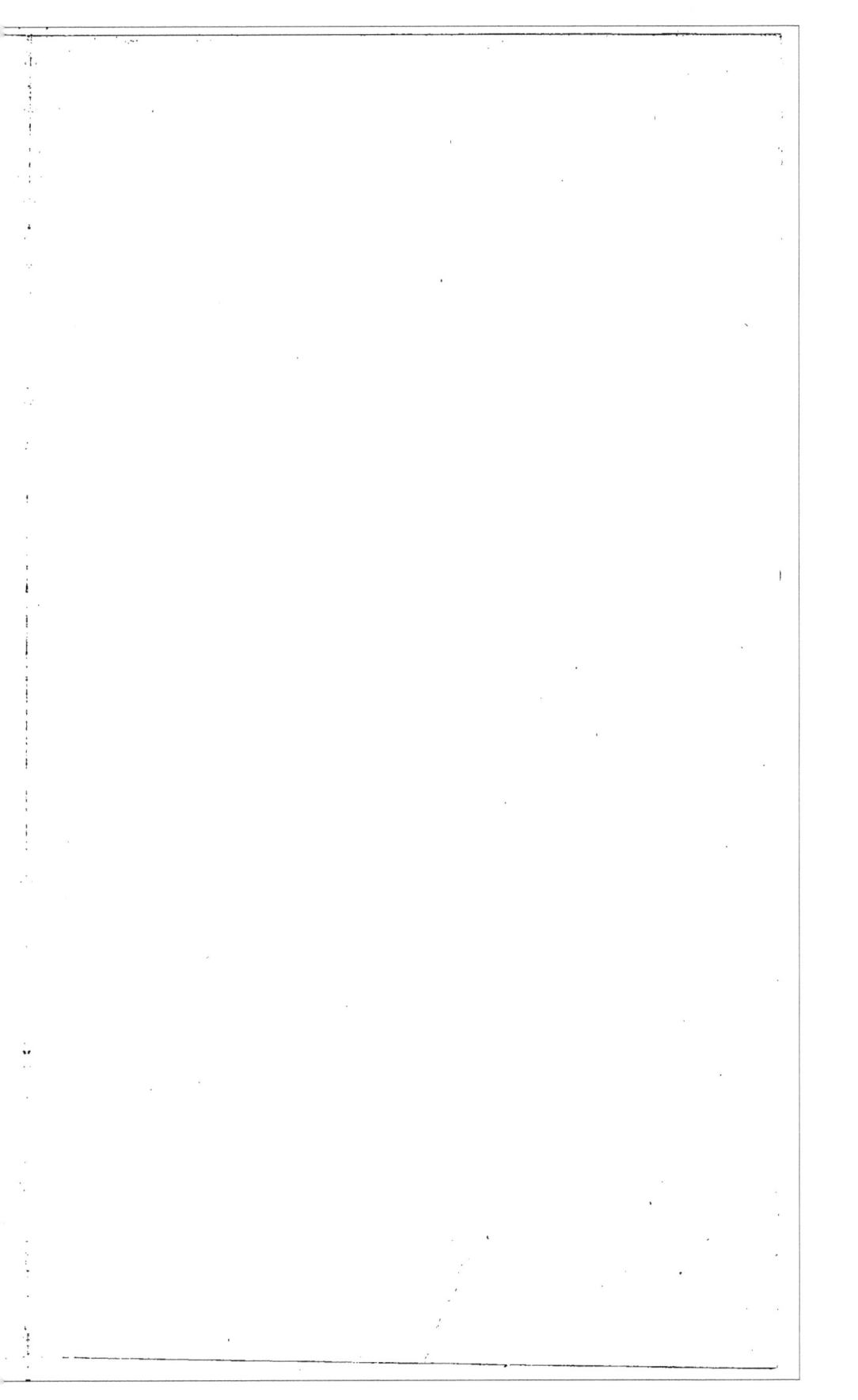

27380

GUIDE PRATIQUE

POUR LA

DÉTERMINATION DES MINÉRAUX

HAVRE. — Imp. du Commerce A. LEMALE Aîné, rue Faidherbe, 27.

GUIDE PRATIQUE

POUR LA

DÉTERMINATION DES MINÉRAUX

PAR

le Dr C. W. C. FUCHS

Professeur à l'Université de Heidelberg

TRADUIT DE L'ALLEMAND

par

AUG. GUEROUT

Licencié ès-Sciences Physiques

Préparateur au Muséum d'Histoire Naturelle de Paris

PARIS

F. SAVY

LIBRAIRE DE LA SOCIÉTÉ GÉOLOGIQUE DE FRANCE

24, Rue Hautefeuille

—

1873

PRÉFACE DE L'AUTEUR

La reconnaissance des espèces minéralogiques faisant partie de l'enseignement dont nous sommes chargé ici, nous avons été amené à écrire un guide pour la détermination des minéraux. Ce petit volume se compose de deux parties. La première comprend la détermination des espèces à l'aide du chalumeau ; la seconde la détermination des minéraux cristallisés, au moyen de leurs caractères physiques. Ces deux parties se complètent l'une par l'autre ; en sorte que, si l'on s'en sert judicieusement, aucune espèce bien définie ne pourra être méconnue. Le manuscrit a longtemps servi à nos élèves, dans leurs exercices pratiques, et c'est après nous être convaincu ainsi de l'utilité de cette méthode, que nous la publions ici dans l'espérance qu'elle pourra aussi rendre service à d'autres. Les expériences qu'elle nécessite sont si simples, qu'on pourra toujours les faire facilement sans maître, si l'on a quelques connaissances en chimie pratique et en cristallographie.

HEIDELBERG, Avril 1868.

L'AUTEUR.

PRÉFACE DU TRADUCTEUR

Pour le minéralogiste de profession, la détermination d'un minéral est chose des plus simples et même dans le cas de doute, un ou deux essais rapides suffisent à fixer son opinion. Mais il n'en est pas de même de celui qui, sans être étranger à la minéralogie et à la cristallographie, n'a cependant pas cette habitude que donne une pratique constante. Pour arriver au nom d'un minéral placé sous ses yeux, il a besoin d'être guidé par une méthode d'élimination prompte et sûre qui le mène au résultat cherché au moyen d'un petit nombre de réactions ou d'observations. Telle est la méthode développée dans cet ouvrage. Soumise par son auteur, avant sa publication, à plusieurs années d'un essai consciencieux, elle a été depuis 1868 éprouvée en Allemagne, et nous avons pu nous-même nous assurer combien elle facilite la détermination des minéraux, permettant de les reconnaître au moyen seulement de quelques essais au chalumeau ou, lorsqu'on est en présence d'échantillons bien cristallisés, de les déterminer par leurs caractères physiques, sans les endommager aucunement.

Aussi avons-nous pensé que la traduction de ce livre pourrait être utile non-seulement aux élèves des écoles de mines, mais encore aux ingénieurs, aux chimistes, aux industriels, à tous ceux en un mot qui peuvent avoir à déterminer un minéral.

Dans notre traduction nous avons adopté pour les différentes espèces les noms employés par M. Delafosse, dans son
Traité de Minéralogie, et nous avons, d'ailleurs, disposé la
table des matières de telle façon qu'elle soit une sorte de
dictionnaire synonymique, tous les minéraux qui sont dési-
gnés dans l'ouvrage allemand par des noms différents de
ceux que nous avons employés étant, dans notre table des
matières, suivis de ces noms écrits en italiques.

Dans les tableaux où sont indiquées les formes cristallines,
nous avons remplacé la notation allemande de Naumann,
par la notation française de Brooke et Levy, et nous avons en
outre, pour la commodité de ceux qui ne seraient pas fami-
liers avec les signes cristallographiques, placé à la fin du
livre un tableau où est indiquée la signification des différents
signes.

Dans le texte allemand, on retrouve à chaque pas le mot
Strich qui désigne la marque obtenue en passant le minéral
sur une surface blanche dépolie, telle qu'une plaque de
biscuit de porcelaine. Comme ce n'est pas exactement ce
qu'exprime le mot français *Rayure*, nous avons cru pouvoir
nous servir du mot *Trait* qui est la traduction littérale de
Strich.

Remercions en terminant, M. Fuchs, de l'amabilité avec
laquelle il nous a autorisé à traduire son livre, et de l'obli-
geance qu'il a mise à nous indiquer quelques additions
utiles.

Paris, Décembre 1872.

GUIDE PRATIQUE

DÉTERMINATION DES MINÉRAUX

INTRODUCTION

Ce petit traité est destiné à servir de guide pour la détermination des minéraux : les espèces cristallisées devront être déterminées, sans détruire les cristaux, d'après leurs formes et leurs propriétés physiques. Cette détermination se fera au moyen des « *Tables pour déterminer les minéraux par leurs caractères physiques.* » Dans le cas où on aura affaire à des cristaux très petits ou à des substances amorphes, on aura recours au chalumeau et on se servira des « *Tables pour déterminer les minéraux au chalumeau.* »

ESSAIS AU CHALUMEAU

Pour que l'essai chimique puisse être pratiqué par le minéralogiste, non-seulement dans son laboratoire, mais encore dans toutes les circonstances possibles, en voyage et sur le lieu même où il trouve les minéraux, il faut que cet essai puisse se faire par les moyens les plus simples, et con-

1.

duise au but par un petit nombre de réactions faciles à exécuter. Dans le laboratoire, où il a toutes les ressources à sa disposition, le chimiste peut se faciliter la tâche dans chaque cas, par l'emploi d'autres appareils et de réactions plus nombreuses.

Les essais les plus praticables en toutes circonstances sont les essais au chalumeau; nous allons donner quelques détails à ce sujet.

Flamme au Chalumeau

La flamme du gaz d'éclairage serait sous plusieurs rapports la plus propre aux essais au chalumeau, mais comme on n'a pas partout le gaz à sa disposition, on se sert de la flamme d'une lampe à huile; on peut prendre pour cela la lampe de Plattner ou tout simplement une lampe à large mèche. Du reste, la flamme d'une bougie stéarique, si portative, est d'ordinaire suffisante.

Chalumeau

Comme chalumeau, nous recommanderons celui où la pointe, le tube et le réservoir, peuvent se séparer et se réunir ensuite facilement, parce qu'il tient moins de place. Tout chalumeau devra avoir deux becs de rechange, d'ouverture différente; le plus large servira à produire la flamme d'oxydation, le plus étroit la flamme de réduction.

Instruments

Du charbon de bois bien calciné, ce que l'on reconnaît à sa sonorité; il sert souvent comme support à la substance à essayer, surtout quand on se propose d'effectuer une réduction. Si on veut réduire une quantité excessivement petite d'un corps, on peut le placer pour cela à l'extrémité d'une allumette que l'on aura calcinée après l'avoir préalablement trempée dans du carbonate de soude.

De petits tubes de verre fermés par un bout, longs de 5-7 centimètres, larges de 4-6 millimètres; ils servent à faire les réactions par voie humide et à reconnaître si la matière, chauffée à l'abri de l'air, dégage des substances volatiles.

Un fil de platine. Il doit être de la grosseur d'un crin de cheval et avoir une longeur de 10 à 20 centimètres. On peut aussi fixer des fils de platine plus courts à l'extrémité de tubes de verre en les introduisant dans le verre fondu.

Les substances qui attaqueraient le platine seront introduites dans la flamme à l'extrémité d'un filament d'amiante.

Une lame de platine large de 14-18 millimètres, longue de 4-5 centimètres.

Des pinces à bouts de platine. Elles servent à tenir dans la flamme les petits fragments de minéraux qui doivent la colorer ou dont on veut éprouver la fusibilité.

Un mortier d'agate. Un diamètre de 2 à 3 centimètres est suffisant.

Un barreau aimanté. — On peut le remplacer par la lame de son canif que l'on aura aimantée et dont on se servira comme du barreau.

Réactifs

Les réactifs nécessaires aux réactions indiquées dans nos tables sont :
Carbonate de soude calciné ;
Borax ;
Sel de phosphore $(NaO, Az H^4O, HO) PO^5 + 8HO$;
Acide chlorhydrique concentré ;
Acide nitrique étendu ;
Acide sulfurique ;
Solution de nitrate de cobalt ;
Solution de potasse de concentration moyenne ;
Nitre ;

Sel marin ;

Bisulfate de potasse et spathfluor en poudre ; ils servent à mettre en liberté et faire reconnaître les corps qui colorent la flamme ;

Oxyde de cuivre ;

Etain en feuilles ;

Papier de Tournesol.

Une échelle de dureté. On a souvent à déterminer la dureté d'un corps et l'on se sert pour cela d'une série de fragments anguleux des 10 minéraux qui composent l'échelle de dureté. Avec un peu d'exercice, on arrive à une idée assez juste de la dureté d'un corps en le rayant avec la pointe d'un canif.

RÉACTIONS

Parmi les diverses réactions que présente un corps, on doit, pour plus de simplicité, n'en employer qu'un petit nombre caractéristiques et faciles à exécuter. Les réactions par la voie sèche sont celles qui se plient à l'usage du chalumeau, et ce n'est que lorsqu'elles sont incertaines ou font complétement défaut que l'on doit avoir recours à quelques essais par voie humide.

Oxygène. On ne le reconnaîtra que dans les corps qui le dégagent par la chaleur. En en chauffant un peu dans un tube de verre, l'oxygène sera mis en liberté et pourra rallumer un fragment de bois présentant un point en ignition. Comme on ne prend d'ordinaire que de très petites quantités de substance, l'oxygène est dégagé en si faible quantité que la réaction est la plupart du temps incertaine. Dans ce cas, nous recommanderons le procédé suivant : on mêle à la substance un peu de sel marin, on ajoute une goutte d'acide sulfurique et on chauffe : au lieu d'oxygène, il se dégage du chlore que l'on pourra toujours reconnaître à son odeur et par la décoloration du papier de Tournesol humide.

Eau. En chauffant la matière dans un tube, l'eau se condense en goutelettes dans les parties plus froides. Il faut l'essayer au papier de Tournesol, car elle peut être neutre, alcaline ou acide et cette réaction est caractéristique pour certaines substances. On trouve souvent de petites quantités d'eau dans les minéraux qui commencent à s'effleurir.

Soufre. Pour reconnaître le soufre dans les sulfures et les sulfates on les fond sur le charbon avec le carbonate de soude. La masse fondue, placée sur une pièce d'argent et humectée d'un peu d'eau, donne une tache brune s'il y a du soufre. Si on veut opérer sur de très petites quantités on peut remplacer le charbon par l'extrémité d'une allumette que l'on aura imprégnée de soude et calcinée ensuite lentement.

Le selenium et le tellure donnent la même réaction, on doit donc s'assurer qu'ils ne sont pas présents. Les sulfures se distinguent des sulfates en ce que les premiers, chauffés dans la flamme, répandent l'odeur d'acide sulfureux.

L'*Acide nitrique* se rencontre peu fréquemment dans les minéraux; les nitrates fusent sur le charbon et dégagent des vapeurs rouges quand on les fond avec du bisulfate de potasse.

Le *Selenium* et ses combinaisons produisent, quand on les chauffe sur le charbon, une forte odeur de raifort pourri. Dans un tube de verre, le selenium se sublime avec une couleur rouge. La flamme d'oxidation se colore généralement en bleu clair.

Le *Tellure* et ses combinaisons donnent sur le charbon un enduit blanc qui s'efface dans la flamme de réduction en produisant une lueur verdâtre. Chauffées avec l'Acide sulfurique, les combinaisons du Tellure le colorent en rouge.

Phosphore. On n'a à le rechercher qu'à l'état d'acide phosphorique. L'acide phosphorique colore la flamme en bleu vert. Avec ses sels, pour que la flamme colorée soit visible, il faut les mouiller avec de l'acide sulfurique ; il est aussi nécessaire de chasser, par une calcination préalable, l'eau qu'ils pourraient contenir. Si la base du sel coloré elle même fortement la flamme, la coloration par l'Acide phosphorique ne se produit qu'au commencement. D'après Bunsen on met en évidence l'acide phosphorique de la manière suivante : on introduit la matière calcinée et pulverisée dans un tube de verre de la grosseur d'un fétu de paille et on y ajoute un bout de fil de magnésium de quelques millimètres, ou un petit morceau de sodium. Il se produit une lueur et il se forme du phosphure de magnésium. La masse écrasée et imbibée d'eau dégage l'odeur de l'hydrogène phosphoré.

Arsenic. Chauffé sur le charbon, l'arsenic produit une forte odeur d'ail et forme à quelque distance de l'essai un enduit gris pâle qui disparaît dans la flamme de réduction en produisant une lueur bleuâtre.

Les combinaisons arsénicales chauffées dans un tube avec du carbonate de soude et du cyanure de potassium donnent un miroir d'arsenic.

L'*Antimoine* et ses composés se reconnaissent à l'enduit blanc à bord bleuâtre qu'ils donnent sur le charbon. Ils produisent aussi, d'ordinaire, d'épaisses fumées blanches. L'enduit disparaît dans la flamme de réduction avec une lueur bleuâtre.

Fluor. Pour reconnaître les combinaisons du fluor, on les fond dans un tube avec du bi-sulfate de potasse ou on les chauffe avec de l'acide sulfurique concentré. Il se dégage de l'acide fluorhydrique d'une odeur piquante et qui corrode le verre s'il est en quantité notable.

Chlore. La plupart des composés du chlore colorent la flamme en vert lorsqu'on les a préalablement trempés dans l'Acide sulfurique. Il est plus sûr de fondre la matière avec une perle de borax saturée d'oxyde de cuivre : en présence du chlore, la flamme se colore en bleu intense.

Brome et Iode. On n'a que rarement à les rechercher dans les minéraux. Le Brome colore la flamme en vert bleu lorsque l'on fond la substance avec une perle de sel de phosphore saturée d'oxyde de cuivre. Dans les mêmes circonstances l'Iode colore la flamme en vert émeraude.

L'*Acide borique* colore la flamme d'oxydation en vert serin. La réaction est plus nette si on mélange la substance avec quatre parties de bi-sulfate de potasse et une partie de spath fluor, et que l'on chauffe le mélange. Lorsqu'ils sont imbibés d'acide sulfurique, les borates colorent nettement le bord de la flamme.

Acide carbonique. Ses sels se reconnaissent par l'effervescence au contact des acides. Parfois la réaction ne se produit qu'en chauffant.

Une faible proportion d'acide carbonique est souvent de peu d'importance et peut être produite par un commencement d'efflorescence.

Silice. La Silice et les Silicates donnent avec le sel de phosphore un squelette de silice nageant dans la perle. Fondus avec le carbonate de soude dans la flamme d'oxydation, ils se dissolvent avec effervescence. Si on dépose la masse fondue sur un verre de montre et qu'on l'humecte d'eau et d'acide acétique (ou chlorhydrique étendu) il se sépare de la silice en gelée. Si on humecte la masse fondue, encore chaude, de proto-chlorure d'étain et qu'on la calcine, elle ne se colore pas en bleu. Ce caractère distingue la Silice des acides Titanique, Niobique et Tantalique.

Titane. Les combinaisons du titane donnent au sel de phosphore dans le feu de réduction une perle amethyste clair. Au feu d'oxydation la perle est incolore. Si on ajoute à la perle, au feu de réduction, un peu de proto-sulfate de fer, elle prend une couleur rouge sang caractéristique.

Le carbonate de soude dissout les combinaisons du Titane, il se forme une masse opaque; lorsqu'on l'humecte, encore chaude, de protochlorure d'étain et qu'on chauffe au feu de réduction, elle se dissout ensuite dans l'acide chorhydrique avec une couleur améthyste pâle.

Tantale. Les combinaisons du tantale ont les mêmes réactions que les composés titaniques. Si on fond un composé tantalique avec de la potasse caustique, que l'on dissolve la masse dans l'eau chaude et que l'on neutralise par l'acide chlorhydrique, il se produit un précipité. En faisant bouillir ce précipité avec de l'acide sulfurique étendu et ajoutant du zinc, le précipité devient bleu et lorsqu'on étend d'eau la liqueur il *perd rapidement sa couleur.*

Niobium. Ses composés donnent les mêmes perles que ceux du titane. En les traitant par la potasse caustique comme nous l'avons indiqué pour le Tantale, la solution se colore en bleu plus foncé et si on l'étend d'eau elle devient d'*abord brune et ne se décolore que lentement.*

Le *Molybdène* donne avec le borax au feu d'oxydation une perle qui varie à chaud depuis le jaune jusqu'au rouge foncé, elle est incolore à froid, très saturée elle est noire, au feu de réduction elle est brune. Bunsen recommande les essais suivants : on fond avec du carbonate de soude à l'extrémité d'un fil de platine la matière réduite en poudre fine ; on fait digérer à chaud la masse fondue avec deux gouttes d'eau et on absorbe avec un peu de papier à filtre, le liquide qui surnage le précipté ; un morceau de ce papier imbibé d'acide chlorhydrique et d'une goutte de ferrocyanure de potassium, se colore en rouge brun. Un autre morceau, imbibé de protochlorure d'étain, devient bleu quand on le chauffe (s'il se produit une couleur jaune, il faut ajouter un peu de la solution primitive). Le papier qui n'a été que trempé dans la solution primitive se colore en brun par le sulfhydrate d'ammoniaque.

Le *Wolfram* donne avec le borax dans les deux flammes une perle tantôt incolore tantôt brune ; avec le sel de phosphore, la réaction est caractéristique : la perle est vert sale à chaud, bleue à froid ; si on y ajoute de l'oxyde de fer, elle devient rouge de sang. Bunsen opère pour les combinaisons du wolfram comme pour celles du molybdène ; le papier ne se colore pas avec l'acide chlorhydrique et le ferrocyanure ; il se colore en bleu par le protochlorure d'étain, en bleu ou verdâtre par le sulfhydrate d'ammoniaque.

Vanadium. Ses composés donnent avec le borax une perle jaunâtre au feu d'oxydation, verte au feu de réduction.

Etain. Les composés d'étain, fondus avec le carbonate de soude sur le charbon, sont facilement réduits. Si on écrase la masse et qu'on entraîne le charbon en lavant avec de l'eau, il reste des écailles blanches éclatantes.

Argent. Ses combinaisons fondues sur le charbon avec le carbonate de soude donnent un grain d'argent blanc et ductile. Il se dissout facilement dans l'acide nitrique et la solution précipite par l'acide chlorhydrique.

L'*Or* traité comme l'argent donne un bouton d'or qui n'est soluble ni dans l'acide chlorhydrique, ni dans l'acide nitrique, mais se dissout dans l'eau régale. Si on absorbe la solution avec du papier à filtre et qu'on y dépose une goutte de protochlorure d'étain, il se forme du pourpre de Cassius.

Platine. Les composés platiniques chauffés avec le carbonate de soude sur le fil de platine forment une masse grise spongieuse qui s'écrase au mortier d'agate en écailles brillantes.

Palladium, Rhodium, Ruthenium, Iridium. Ils ne donnent au chalumeau aucune réaction caractéristique. Fondus avec le bisulfate de potasse, le palladium et le rhodium donnent une masse jaune ; par la fusion avec le nitre, le ruthenium donne une masse orange.

Osmiun. Ses combinaisons donnent dans la flamme d'oxydation de l'acide osmique volatil, d'une odeur piquante.

2

Le *Mercure* se volatilise au chalumeau. Dans ses composés on peut reconnaître de fort petites quantités de mercure, en chauffant la substance sèche avec du carbonate de soude dans un petit tube (5-6 millimètres de large sur 10-20 millimètres de long) dont l'ouverture plonge dans une petite capsule de porcelaine pleine d'eau. Il se forme un anneau ou des gouttelettes.

Bismuth. — Les composés du bismuth donnent sur le charbon un enduit jaune. Fondus avec le carbonate de soude sur le charbon, ils donnent un grain métallique. De très petites quantités peuvent être ainsi réduites. Le globule du bismuth se distingue de celui du plomb en ce qu'il est cassant.

Cuivre. La perle avec le borax est bleue ; au feu d'oxydation, elle devient opaque et brune dans la flamme de réduction, surtout si on ajoute de l'étain en feuilles. Lorsqu'on chauffe avec le carbonate de soude sur le charbon un composé cuivrique, on obtient un globule de cuivre métallique.

Plomb. Ses composés colorent la flamme en bleu pâle ; sur le charbon ils donnent un enduit jaune et se réduisent par le carbonate de soude en un globule métallique ductile.

Cadmium. Les combinaisons de ce métal forment sur le charbon un enduit brun.

Zinc. Les composés du zinc donnent sur le charbon un enduit blanc, jaune à chaud qui, chauffé après avoir été imprégné de solution cobaltique, devient noir.

Cobalt. Ses combinaisons colorent en bleu intense la perle de borax.

Nickel. La couleur de la perle de borax est rouge brun dans la flamme extérieure et grise ou incolore dans la flamme réductrice. Si on fond les combinaisons de nickel sur le charbon avec le carbonate de soude et qu'on porphyrise ensuite la masse, on obtient des écailles métalliques, attirables à l'aimant. (Le cobalt se comporte de même.)

Fer. Ses composés réduits par le carbonate de soude donnent de petites écailles fortement attirées par l'aimant. La perle de borax au feu d'oxidation varie du jaune au brun ; au feu de réduction, elle est incolore ou vert de bouteille.

Manganèse. Les combinaisons de manganèse, même en petites quantités, colorent en rouge améthyste la perle de borax au feu d'oxydation ; au feu de réduction, la perle est incolore. Fondus avec le salpêtre et le carbonate de soude, ces composés donnent une masse verte.

Urane. — La perle du borax est jaune dans la flamme d'oxidation et verte dans la flamme de réduction. D'après la méthode de Bunsen, on reconnaît les combinaisons d'urane en fondant la matière sur le fil de platine, avec du bisulfate de potasse ; la masse est ensuite porphyrisée avec un peu de carbonate de soude cristallisé et additionné d'un peu d'eau. On absorbe la solution avec du papier à filtre ; ce papier doit, après avoir été imbibé d'acide acétique, donner une tache brune par le prussiate jaune.

Le *Zircone* est phosphorescent et est coloré en violet sale par la solution cobaltique.

L'*Alumine* se colore en bleu par la calcination avec la solution de cobalt. Les alcalis et l'oxyde de fer empêchent partiellement ou même complétement cette coloration.

La *Glucine* donne avec le borax et le sel de phosphore des perles limpides se changeant en émaux par la sursaturation.

Les oxydes d'*Yttrium*, de *Lanthaire*, de *Didyme*, de *Thorium*, de *Cerium*, n'ont pas de réaction caractéristique au chalumeau.

Le *Chrome* colore les perles en beau vert : fondus sur le fil de platine avec du salpêtre et du carbonate de soude ses composés donnent une masse jaune clair.

La *Magnésie* calcinée avec la solution de cobalt donne une masse claire, couleur de chair. La présence des alcalis, des terres ou des oxydes métalliques s'oppose plus ou moins à la production de la coloration, la silice ne l'empêche pas.

Chaux. Les sels de chaux colorent la flamme en jaune rouge (cette coloration est très-peu apparente avec le sulfate et le silicate de chaux. On peut chauffer le sulfate sur le charbon, puis l'humecter d'acide chlorhydrique; la coloration apparaît alors clairement).

La *Strontiane* et ses sels colorent la flamme en rouge carmin (on traitera le sulfate de Strontiane comme il a été indiqué pour la chaux).

La *Baryte* et ses sels colorent la flamme en vert. Le sulfate de baryte doit être traité comme le sufate de chaux.

La *Lithine* et ses sels colorent la flamme en rouge. En présence de la soude, la coloration ne se produit qu'au commencement. Quant aux silicates, il faut les fondre avec du spathfluor et du bisulfate de potasse.

Soude. Les sels de soude colorent la flamme en jaune intense et masquent les autres colorations, par exemple celle de la potasse. Si on éclaire avec la flamme de la soude un papier coloré à l'iodure de mercure, la couleur de ce dernier disparaît. Regardée à travers un verre bleu de Cobalt, la flamme de la soude paraît bleu pur et devient invisible s'il y a peu de soude.

La *Potasse* et ses sels colorent la flamme en violet. La soude et la lithine masquent la réaction, mais à travers un verre de Cobalt on voit la flamme violette de la potasse.

Si on présume l'existence simultanée dans une flamme de la potasse, de la soude et de la lithine, on la regarde à travers un prisme rempli de solution d'indigo; en regardant là où la couche d'indigo est peu épaisse, la flamme de la soude paraît violette et s'évanouit peu à peu à mesure qu'on regarde à travers une couche d'indigo de plus d'épaisseur;

alors la flamme du lithium paraît rouge, celle de la potasse bleue. En augmentant l'épaisseur de la couche d'indigo, la coloration du lithium se rapproche de plus en plus de celle du potassium qui passe du bleu au violet et enfin au rouge.

Ammoniaque. Ses composés chauffés avec le carbonate de soude, dans un tube, répandent une forte odeur d'ammoniaque; si on approche du tube un agitateur trempé dans l'acide chlorhydrique, il se produit des fumées blanches épaisses.

L'emploi de ces tableaux ne présentera, même sans explication, aucune difficulté. Le mieux est de suivre d'abord le *tableau général des réactions* en les exécutant dans l'ordre où elles y sont indiquées. Dès que la substance à essayer présentera une de ces réactions, on se reportera au paragraphe comprenant les minéraux qui y correspondent. On trouvera dans ce paragraphe les caractères distinctifs des différentes espèces qui y sont groupées. Dans chaque groupe on n'a indiqué tous les caractères que pour les minéraux très-voisins l'un de l'autre, ceux qui diffèrent beaucoup ne sont distingués que par leurs caractères les plus saillants.

Il faut en outre ne pas négliger les précautions suivantes :

La première condition pour réussir dans la détermination d'un minéral est d'avoir la substance à l'état de pureté ; on devra donc, après l'avoir réduite en petits fragments, l'examiner à la loupe pour s'assurer de son homogénéité.

Les réactions choisies pour distinguer les groupes doivent toujours, quand elles sont bien faites, se produire nettement; pour distinguer les corps qui composent chaque groupe les réactions sont plus délicates.

Une faible proportion d'eau ou d'acide carbonique provient souvent d'un commencement d'efflorescence et il faut s'assurer que la substance n'est pas effleurie.

Un certain nombre de minéraux dont la composition ou les propriétés varient suivant leur origine appartiennent dès lors à plusieurs groupes : on en a tenu compte dans ces tableaux, autant que possible.

La réaction du fer (groupes 1, 7), doit toujours être très-nette. Dans beaucoup de minéraux, des parcelles s'attachent à l'aimant, parce que le fer entre comme constituant accidentel dans beaucoup d'espèces.

Les corps dimorphes et ceux dont la composition ne diffère que quantitativement ne peuvent être distingués par les caractères chimiques; on aura alors recours à leurs propriétés physiques.

Les espèces les plus difficiles à déterminer sont les silicates parce qu'en général plusieurs possèdent les mêmes propriétés.

Détermination des Minéraux par leurs caractères physiques

Si le minéral est cristallisé, on déterminera d'abord sa forme cristalline et on cherchera dans les tableaux le système auquel il se rapporte. On trouvera les minéraux qui cristallisent dans ce système partagés en 2 groupes : les minéraux à éclat métallique et ceux dépourvus d'éclat métallique. Les autres caractères permettront de distinguer les espèces qui composent chaque groupe. Si ces caractères ne suffisaient pas, on devrait avoir recours à un traité plus complet, ou à l'essai au chalumeau.

Comme certains minéraux se montrent tantôt avec l'éclat métallique, tantôt sans éclat métallique, on a dû les faire entrer dans les deux groupes pour rendre leur détermination possible dans tous les cas.

I.

TABLES

POUR

DÉTERMINER LES MINÉRAUX

AU CHALUMEAU

ABRÉVIATIONS :

Dr $=$ Dureté.
Ds $=$ Densité.

TABLEAU GÉNÉRAL DES RÉACTIONS

I. La substance réduite en poudre est chauffée sur le charbon à la flamme du chalumeau.

1. *Elle se volatilise ou brûle.*

2. *Elle dégage une odeur alliacée.*
   a. Corps à éclat métallique.
   b. Corps sans éclat métallique.

3. *Elle dégage une odeur de choux pourris.*

4. *Elle répand des fumées d'antimoine.*
   a. Corps à éclat métallique.
   α. Donnant avec le carbonate de soude, sur le charbon au feu de réduction, un globule de plomb.
   β. Donnant avec le carbonate de soude, sur le charbon au feu de réduction, un globule d'argent.
   γ. Ne donnant avec le carbonate de soude, sur le charbon au feu de réduction, ni globule d'argent, ni globule de plomb.
   b. Corps sans éclat métallique.

5. *Il se forme sur le charbon un enduit blanchâtre qui colore en vert la flamme de réduction.*

   (La substance pulvérisée, chauffée avec de l'acide sulfurique concentré, colore la flamme en rouge.)

   2.

    a. Corps d'une couleur blanc d'étain.

    b. Corps gris de plomb ou gris d'acier.

6. *Le résidu a une réaction alcaline.*

    a. Substance soluble dans l'eau.

        α. Donnant de l'eau quand on la chauffe dans un tube de verre.

        β. Ne donnant pas d'eau dans le tube de verre.

    b. Substance insoluble ou peu soluble dans l'eau.

        α. La substance pulvérisée fait effervescence avec l'acide chlorhydrique.

        β. La substance fondue avec le carbonate de soude, sur le charbon, donne une masse sulfurée.

        γ. La substance ne donne aucune des réactions précédentes.

7. *Le résidu est magnétique.*

    a. Corps à éclat métallique.

    b. Corps sans éclat métallique.

II. La substance mêlée avec du carbonate de soude est chauffée sur le charbon dans la flamme de réduction.

1. *La masse fondue donne sur l'argent la réaction du soufre; il y a en outre un globule métallique.*

    a. Corps anhydres.

    b. Corps hydratés.

2. *La masse fondue donne la réaction du soufre, mais pas de bouton métallique.*

    a. Corps hydratés.

    b. Corps anhydres.

3. *La masse fondue ne donne pas la réaction du soufre, mais il reste un grain métallique.*

    a. Le globule est du bismuth.

    b. Le globule est du plomb.

c. Le globule est de l'argent.

d. Le globule est du cuivre.

e. Le globule est un autre métal.

III. La perle de borax est violette dans la flamme extérieure.

1. *Corps à éclat métallique.*

2. *Corps sans éclat métallique.*

IV. La substance pulvérisée chauffée avec la solution cobaltique se colore en vert.

V. La substance est soluble sans résidu dans l'acide chlorhydrique.

1. *Elle est fusible au chalumeau.*

   a. Donne l'eau dans un tube de verre.

   b. Ne donne pas d'eau dans un tube de verre.

2. *Elle est infusible au chalumeau.*

   a. Corps hydratés.

   b. Corps anhydres.

VI. La substance se dissout dans l'acide chlorhydrique en formant une gelée.

1. *Fusible au chalumeau.*

   a. Hydraté.

   b. Anhydre.

2. *Infusible au chalumeau.*

   a. Hydraté.

   b. Anhydre.

VII. La substance est soluble dans l'acide chlorhydrique avec dépôt de silice non en gelée.

1. *Minéraux hydratés.*

2. *Minéraux anhydres.*

VIII. La substance est insoluble dans l'acide chlorhydrique; elle donne avec le sel de phosphore un squelette de silice.

1. *Elle est fusible au chalumeau.*

2. *Elle est infusible au chalumeau.*

IX. Minéraux qui n'appartiennent à aucun des groupes précédents.

I. La substance réduite en poudre est chauffée sur le charbon, à la flamme du chalumeau.

1. Se volatilisent ou brûlent facilement :

Soufre natif. — Arsenic natif. — Séelénium natif. — Tellure natif. — Antimoine natif. — Soufre sélénié. — Realgar AsS^2. — Orpiment AsS^3. — Arsénite AsO^3. — Valentinite SbO^3. — Senarmontite SbO^3. — Kermès SbO^3+2SbS^3. Ocre d'Antimoine SbO^5+nHO. — Stiblith SbO^3, SbO^5. — Stibine SbS^3. — Salmiac AzH^4Cl. — Mascagnine AzH^4O, SO^3+2HO. — Cinabre HgS. — Calomel Hg^2Cl. — Sylvine KCl. — Cotunnite $PbCl$. — Clausthalite $HgSe$. — Graphite.

Répandent l'odeur d'ail quand on les chauffe sur le charbon : *Arsenic natif*, il se volatilise sans fondre, donne dans le tube de verre un anneau métallique gris foncé ; sur la pince de platine colore la flamme en bleu pâle ; éclat métallique, blanc d'étain mat ou noir à la surface. — *Arsénite*, se sublime sans fondre en petits cristaux blancs ; sur la pince de platine, colore la flamme en bleu ; soluble dans l'eau chaude ; éclat vitreux.

Répandent l'odeur d'acide sulfureux quand on les chauffe sur le charbon : *Soufre*, brûle avec une flamme bleue ; dans le tube fermé fond et se volatilise, Dr = 1,5 ; cassant. — *Cinabre*, se volatilise dans le tube fermé en donnant un sublimé noir et dépose sur le tube des gouletettes de mercure, s'il a été préalablement mêlé de carbonate de soude ou de cyanure de potassium ; rouge ; Dr = 2,5.

Répandent l'odeur d'ail et celle d'acide sulfureux quand on les chauffe sur le charbon : *Réalgar*, fond dans le tube fermé en bouillonnant et produisant un sublimé rouge transparent ; rouge ; devient brun foncé par la potasse. — *Orpiment*, fond en bouillonnant, dans le tube fermé et donne un sublimé jaune foncé ; jaune ; se dissout dans la potasse.

Dégagent des fumées d'antimoine quand on les chauffe sur le charbon : *Antimoine natif*, fond en un globule sphérique qui se recouvre, par le refroidissement, de cristaux blancs d'oxyde d'antimoine; opaque; à éclat métallique; blanc d'étain. — *Valentinite*, transparent; éclat nacré; blanc; se sublime dans le tube fermé. — *Senarmontite*, un peu plus dur que la valentinite; ne s'en distingue guère que par sa forme cristalline. — *Kermès*, bouillonne au chalumeau sur le charbon et donne un globule d'antimoine; dégage de l'eau dans le tube fermé, $Dr = 1,5$. — *Stiblith,* donne au chalumeau sur le charbon un globule d'antimoine; ne donne pas d'eau dans le tube fermé, $Dr = 5,5$.

Dégagent des fumées d'antimoine et répandent l'odeur d'acide sulfureux, quand on les chauffe sur le charbon : *Kermès*, donne, dans le tube fermé, d'abord un sublimé blanc puis un sublimé orange; éclat adamantin; trait rouge cerise; $Dr = 1,5$. — *Stibine*, fond facilement dans le tube fermé et donne quand on chauffe fortement un sublimé brun; éclat métallique; gris de plomb; $Dr = 2$.

Répandent l'odeur de choux pourris quand on les chauffe sur le charbon : *Selenium natif.* — *Clausthalite* : dépose des goutelettes de mercure quand on la chauffe dans le tube fermé avec du carbonate sodique.

Répand l'odeur de choux pourris et d'acide sulfureux quand on le chauffe sur le charbon : *Soufre sélénié.*

Tellure natif, fond facilement et brûle avec une flamme verte; blanc d'étain; éclat métallique. — *Salmiac*, s'évapore sans fondre; facilement soluble dans l'eau; chauffé avec la potasse dégage de l'ammoniaque. — *Mascagnine*, fond au chalumeau en bouillonnant et se volatilise ensuite, dépose de l'eau dans le tube fermé; donne avec le carbonate de soude la réaction de soufre. — *Sylvine*, fond et se volatilise ensuite en colorant la flamme en violet pâle; soluble dans l'eau. — *Cotunnite*, donne sur le charbon un enduit jaune verdâtre; avec le carbonate de soude, on obtient un globule de plomb; peu soluble dans l'eau. — *Calomel*, donne avec le carbonate sodique, dans le tube fermé, des goutelettes de mercure; éclat adamantin; gris blanc; insoluble dans l'eau. — *Graphite*, fondu avec le salpêtre se convertit en acide carbonique; au chalumeau, sur le charbon ne brûle que lentement en laissant un peu de cendres.

2. Répandent par la calcination une odeur alliacée.

a. *Minéraux à éclat métallique :*

(Arsenic natif). — Dufrénoysite $2Cu^2S$, $AsS^2 + 2CuSAsS^2$. — Antimoine Arsénifère. — Scléroclase $2PbS$, AsS^3. — Panabase $4(RS){Sb \atop As}\} S^3$. — Polybasite $9(Ag,Ca)S, {Sb \atop As}\} S^3$. —

Smaltine CoAs². — Leucopyrite FeAs². — Cobaltine CoS²+ CoAs². — Nickéline rouge NiAs. — Nickéline blanche (Rammelsbergite) NiAs².—Disomose (Nickel blanc) NiS²+NiAS². — Mispickel FeS²+FeAs². — Geocronite 5PbS,(Sb,As)S³.

L'*Arsenic* et l'*Antimoine natif* ne rentrent dans ce groupe que quand on prend, pour l'essai, de trop gros fragments de la matière où lorsque celle-ci n'est pas pure, de sorte qu'on ne peut observer sa complète volatilisation.

α. Dégagent de l'hydrogène sulfuré quand on les chauffe avec de l'acide chlorhydrique: *Dufrenoysite*, la perle de borax indique du cuivre; fond facilement au chalumeau en répandant une odeur d'ail et d'acide sulfureux; il reste à la fin un globule de cuivre. — *Panabase*, donne au chalumeau des fumées d'antimoine ; souvent la perle de borax indique du cuivre; fond en bouillonnant et forme une scorie; un grand nombre d'échantillons donnent sur le charbon l'enduit du zinc.

La perle de borax est bleue : *Cobaltine*, fond au chalumeau sur le charbon en donnant un globule magnétique.

La perle de borax, au feu d'oxydation, est rouge brun : *Disomose,* décrépite au chalumeau.

La perle de borax est verte dans la flamme intérieure, brune dans la flamme extérieure : *Mispickel,* fond au chalumeau en donnant un globule magnétique.

Avec le carbonate de soude, sur le charbon, donnent un globule de plomb : *Scléroclase*, très cassant; Dr=2,5. — *Geocronite;* fumées et enduit d'antimoine; fond facilement au chalumeau ; donne parfois faiblement les réactions du cuivre.

Avec le carbonate de soude sur le charbon, donne un globule d'argent : *Polybasite ;* donne toujours un enduit d'antimoine; fond sur le charbon en un grain métallique gris foncé.

β. Ne dégagent pas d'hydrogène sulfuré avec l'acide chlorhydrique : *Smaltine*, donne une perle bleue avec le borax; fond facilement au chalumeau en un globule magnétique gris foncé et très-cassant.—*Leucopyrite*, donne au chalumeau sur le charbon une masse magnétique; trait gris noir. — *Nickeline rouge*, colore la perle de borax dans la flamme extérieure en rouge brun ; fond au chalumeau en un globule magnétique; éclat métallique; rouge de cuivre; trait brun noirâtre.— *Nickeline blanche*, analogue à la nickeline rouge ; fond facilement au chalumeau et reste longtemps incandescente après avoir été enlevée de la flamme ; blanc d'étain ; trait gris.

b. *Minéraux dépourvus d'éclat métallique* :

Kœttigite $3(ZnO,CoO,NiO),AsO^5+8HO$.—Scorodite $FeO,$ AsO^5+4HO. — Symplesite $3FeO,AsO^5+8HO$. — Pittizite $3Fe^2O^3,2\begin{Bmatrix} AsO^5 \\ SO^3 \end{Bmatrix}+15HO$. — Pharmacosidérite $3FeO,AsO^5+$ $3Fe^2O^3,2AsO^5+18HO$. — Pharmacolite $2CuO,AsO^5+6HO$. — Chondroarsenite $(5MnO,AsO^5+5HO$. — Erythrine $3CoO,$ AsO^5+8HO.—Nickelocre $3NiO,AsO^5+8HO$. — Pyrargyrite $3\,AgS+\begin{Bmatrix} Sb \\ As \end{Bmatrix}S^3$. — Erinite $5CuO,AsO^5+2HO$. — Chalko- phyllite $(3CuO,AsO^5+9HO)+3\,(CuOHO)$. — Liroconite $2CuO,AsO^5+2Al^2O^3,AsO^5+32HO$. — Euchroïte $(3CuO,AsO^5$ $+6HO)+CuO,HO$. — Olivenite $3CuO,\begin{Bmatrix} As \\ P \end{Bmatrix}O^5+CuO,HO$. Tyrolite $(5CuO,AsO^5+10HO)+CaO,CO^2$.

Donnent avec le borax la réaction du cuivre et colorent la flamme en bleu quand ils ont été préalablement humectés d'acide clorhydrique : *Erinite*, donne au chalumeau sur le charbon un globule de cuivre entouré d'une croute fragile ; donne de l'eau dans le tube fermé ; $Dr = 4,5-5$; transparente sur les arêtes ; éclat gras sur les surfaces de clivage. — *Chalkophyllite*, décrépite violemment au chalumeau et fond en un globule métallique cassant ; verte émeraude ; trait vert clair ; $Dr = 2$. — *Tyrolite*, se brise en petits fragments au chalumeau puis noircit et fond en une perle gris d'acier ; fond sur le charbon en une scorie ; $Dr = 1-1,5$; vert pomme ; trait vert ; fait effervescence avec les acides. — *Euchroïte*, se réduit sur le charbon au chalumeau en arséniure de cuivre, puis en cuivre métallique ; $Dr = 4,5$; transparente ; éclat vitreux. — *Licoronite*, ne s'écaille pas au chalumeau ; font en bouillonnant sur le charbon et se transforme en une scorie ; devient bleu de cobalt quand on la chauffe légèrement. — *Olivenite*, fond sur la pincette au chalumeau et cristallise par le refroidissement en une masse noire rayonnée ; donne un peu d'eau dans le tube fermé et produit sur le charbon, au chalumeau, une scorie brune ; trait variant du brun au vert olive.

Kœttigite, donne sur le charbon, au chalumeau, un enduit d'oxyde de zinc ; se colore en vert avec la solution de cobalt.

Erythrine, donne au borax une perle bleue ; couleur, rouge pêche.

Nickelocre, donne avec le borax dans la flamme extérieure une perle brune; couleur vert serin.

Pyrargyrite, donne sur le charbon, avec le carbonate de soude, un globule d'argent.

Chondroarsenite, colore la perle de borax en violet, dans la flamme extérieure.

Deviennent magnétiques quand on les chauffe au chalumeau sur le charbon : *Scorodite,* fond facilement au chalumeau et forme une scorie; Dr = 3,5—4; trait blanc verdâtre. — *Symplesite,* ne fond pas ; Dr = 5 ; trait variant du blanc à l'indigo clair. — *Pittizite,* fond au chalumeau ; plongée dans l'eau, devient rouge transparente et se délite; Dr = 2,5 ; trait jaune; *Pharmacosidérite,* fond au chalumeau ; dans le tube fermé dégage de l'eau, devient rouge et se gonfle ; trait jaune.

Pharmacolite, fond au chalumeau sur le charbon en une perle transparente ; souvent la perle de borax est bleue en raison d'un peu de cobalt ; colore légèrement la flamme en jaune rouge.

3. Répandent l'odeur de choux pourris quand on les chauffe sur le charbon.

Plomb sélénié PbSe. — Cuivre sélénié (Berzeline) Cu²Se. — Mercure sélénié HgSe. — Argent sélénié (Naumannite) AgSe. — Cuivre sélénié plombifère CuSe+PbSe.

Plomb sélénié, donne sur le charbon, avec le carbonate de soude, un grain de plomb; s'écaille au chalumeau ; répand des fumées au chalumeau sur le charbon et forme un enduit rouge, jaune et blanc. — *Cuivre sélénié,* colore la perle de borax dans la flamme extérieure en bleu verdâtre, dans la flamme intérieure en brun de foie; fond sur le charbon, au chalumeau, en un globule gris malléable ; *Mercure sélénié,* chauffé avec la soude dans le tube fermé, donne des gouttelettes de mercure; cassant; Dr = 2,5. — *Naumannite,* sur le charbon avec le carbonate de soude donne un globule d'argent; sur le charbon, dans la flamme extérieure, fond tranquillement ; dans la flamme intérieure bouillonne et devient incandescente en se solidifiant. — *Cuivre sélénié plombé,* fond très-facilement au chalumeau sur le charbon et forme une masse grise à éclat métallique; la perle de borax présente la réaction du cuivre; donne sur le charbon, avec le carbonate de soude, un globule de plomb.

4. En chauffant sur le charbon il se dégage des fumées d'antimoine.

a. Minéraux à éclat métallique.

α. Donnent un globule de plomb quand on les chauffe sur le charbon avec le carbonate de soude dans la flamme de réduction.

Zinkénite PbS,Sbs^3. — Jamesonite $3PbS,2SbS^3$. — Plagionite $4PbS+3SbS^3$. — Geokronite $5PbS,SbS^3$. — Bournomite $3Cu^2S,SbS^3+2(3PbS,SbS^3)$. — Panabase $4(Cu,Ag, Pb, etc.)S,SbS^3$. — Freieslebénite $3(Ag,Pb)S,SbS^3$. — Kobellite $3(4PbS+FeS)+(4BiS^3+SbS^3)$.

On obtient la réaction du cuivre avec : *Bournonite*, donne dans le tube fermé un sublimé de soufre; fond facilement au chalumeau, sur le charbon, et forme une scorie; cassante; $D=2,5$; trait gris foncé. — *Panabase*, décrépite au chalumeau; fond facilement sur le charbon en bouillonnant et produit une scorie grise; $Dr=3-4$.

Zinkénite, décrépite au chalumeau et fond facilement $Dr=3.5$.

Plagionite, cassant, décrépite au chalumeau; $Dr=2,5$. — *Jamesonite, Boulangerite, Geokronite, Kilbrikenite*, ne s'en distinguent que quantitativement.

Kobellite, colore la perle de borax en brun dans la flamme extérieure; donne un globule de plomb cassant parce qu'il contient du bismuth.

Freieslebénite, le globule de plomb contient de l'argent, ce dont on s'assure facilement par voie humide.

β. Donnent un globule d'argent quand on les chauffe sur le charbon avec le carbonate de soude à la flamme de réduction :

Discrase Ag^2Sb. — Myargyrite AgS,SbS^3. — Panabase-Psathurose $6AgS,SbS^3$. — Pyrargyrite $3AgS,SbS^3$. — Polybasite $9(Ag,Cu,etc.)S,SbS^3$.

Sentent l'acide sulfureux quand on les chauffe au chalumeau : *Polybasite*, la perle de borax indique du cuivre; décrépite et fond facilement au chalumeau; $D=2,5$; $Ds=6,5$. — *Panabase*, la perle de borax indique du cuivre; décrépite et fond facilement au chalumeau; contient un peu d'argent; contient ordinairement du zinc et du fer; $Dr=4-$; $Ds=4,5$. — *Myargyrite*, $Dr=2,5$; douce au toucher; noir de fer ou gris d'acier; trait rouge clair. — *Psathurose*, Dr=2,5; noir; trait nul.

Discrase, ne sent pas l'acide sulfureux quand on la chauffe; fond facilement au chalumeau.

γ. Ne donnent au feu de réduction avec le carbonate de soude
ni globule de plomb, ni globule d'argent :

Antimoine natif. — Ullmanite NiS^2+NiSb. — Stibine SbS^3. — Breithauptite $Ni2Sb$. — Wolfsbergite Cu^2S+SbS^3.

Se volatisent complétement en chauffant longtemps : *Antimoine natif*; — *Stibine*. (Voy. I, 1.)

Donnent la réaction du soufre : *Ullmanite*, la perle de borax dans la flamme extérieure est rouge brun. Dr=5; cassant; trait gris. — *Wolfsbergite*, donne la réaction du cuivre, décrépite au chalumeau et fond facilement; Dr=3,5; couleur variant du gris de plomb au noir de fer; trait noir.

Ne donne pas la réaction du soufre : *Breithauptite*, la perle du borax indique du nickel; fond très difficilement; Dr=5; trait rouge brun.

b. *Minéraux dépourvus d'éclat métallique :*

Stiblith SbO^3SbO^5. — Ocre d'Antimoine SbO^5+nHO. — Kermès SbO^32SbS^3. — Plumosite $2PbS,SbS^3$. — Boulangerite $3PbS,SbS^3$. — Pyrargyrite $3AgS,SbS^3$. — Roméïte $4CaO,5SbO^5$.

Donnent la réaction du soufre : *Kermès*, fond facilement au chalumeau et colore la flamme en vert clair; Dr=1,5; éclat adamantin; couleur variant du rouge brun au rouge cerise; trait variant du rouge au brun. — *Plumosite*, donne avec le carbonate de soude sur le charbon un globule de plomb; fond facilement au chalumeau; Dr=2; grise; trait gris foncé et doué d'éclat métallique. — *Boulangerite*, donne sur le charbon avec le carbonate de soude un globule de plomb; Dr=3. — *Pyrargyrite*, donne avec le carbonate de soude, au feu de réduction, un grain d'argent; s'écaille au chalumeau et fond en un globule noir; trait rouge.

Stiblith, forme sur le charbon un enduit blanc sans se réduire; se réduit avec le carbonate de soude en un globule d'antimoine; jaune; Dr=5,5.

Ocre d'Antimoine, se réduit au chalumeau, sur le charbon, en produisant un bouillonnement; donne de l'eau dans le tube fermé; Dr=1.

Roméite, fond au chalumeau en une scorie noire, donne avec le carbonate de soude, au feu de réduction, un globule d'antimoine; Dr=6—7; couleur variant du jaune de miel à l'hyacinthe.

5. Il se forme sur le charbon un enduit blanchâtre qui colore en vert la flamme de réduction.

(La poudre de la substance chauffée avec de l'acide sulfurique concentré le colore en rouge.)

a. *Minéraux de couleur blanc d'étain :*

Tellure natif. — Tellure argental AgTe. — Altaïte Pb Te.

Tellure natif, fond facilement au chalumeau en répandant généralement la même odeur que le sélénium ; se volatilise presque totalement; Dr=2.

Tellure argental, donne avec le carbonate de soude, au feu de réduction, un globule d'argent; Dr=2,5 : malléable.

Altaïte, donne avec la soude, au feu de réduction, un globule de plomb; fond facilement au chalumeau sur le charbon et donne un enduit jaune.

b. *Minéraux de couleur gris d'acier ou gris de plomb :*

Tetradymite $BiS^3 + 2BiTe^3$. — Sylvanite $(Au,Ag)Te^2$. — Elasmose PbTe (contenant PbS et $AuTe^2$.)

Donnent la réaction du soufre : *Tetradymite*, donne avec le carbonate de soude, au feu de réduction, un globule de bismuth cassant; répand d'ordinaire l'odeur du sélénium ; trait noir. *Elasmose*, donne avec le carbonate de soude, au feu de réduction, un globule malléable de plomb; trait gris de plomb.

Sylvanite, ne donne pas la réaction du soufre ; fond au chalumeau en un grain métallique gris ; en chauffant longtemps on obtient sur le charbon un globule malléable jaune.

6. Ont une réaction alcaline après la calcination.

a. *Facilement solubles dans l'eau.*

α. Donnent de l'eau quand on les chauffe dans le tube fermé :

Mirabilite $NaO,SO^3 + 10HO$. — Thermonatrite $NaO,CO^2 + HO$. — Natron $NaO,CO^2 + 10HO$. — Urao $2NaO3CO^2 +$

$4HO$. — Epsomite MgO,SO^3+7HO. — Alun de Potasse $KO,SO^3+Al^2O^3,3SO^3+24HO$. — Alun de Soude $NaO,SO^3+Al^2O^3,3SO^3+24HO$. — Alun ammoniacal $AzH^4O,SO^3+Al^2O^3,3SO^3+24HO$. — Borax $NaO, 2BO^3+10HO$. — Loweïte $2MgO,SO^3+NaOSO^3+5HO$. — Carnallite $KCl+MgCl+12HO$. — Boussingaultite $(AzH^4,Mg,Fe)O,SO^3+HO$. — Kainite $MgOSO^3+KCl+6HO$.

Font effervescence avec l'acide chlorhydrique : *Urao*, Dr=2,5 ; Ds=1,4 ; fond dans le tube fermé en dégageant beaucoup d'eau. — *Natron*, Dr=1—1,5 ; Ds=1,4 ; fond dans le tube fermé en produisant beaucoup d'eau ; s'effleurit rapidement à l'air. — *Thermonatrite*, ne fond pas et ne dégage qu'une petite quantité d'eau.

Donnent avec le carbonate de soude la réaction du soufre : *Aluns*, donnent après forte calcination une coloration bleue avec la solution cobaltique. — *Alun de potasse*, Dr=2,5 ; fond au chalumeau en se gonflant, colore la flamme en violet très faible. — *Alun de soude*, Dr=2,5 ; fond au chalumeau en se gonflant, colore la flamme en jaune quand il a été préalablement imbibé d'acide chlorhydrique. — *Alun d'ammoniaque*, répand l'odeur d'ammoniaque quand on le chauffe avec la potasse ; fond au chalumeau en se gonflant. — *Epsomite*, après calcination, donne avec la solution de cobalt une teinte couleur chair ; Dr=2—2,5 ; fond facilement au chalumeau en se gonflant. — *Mirabilite*, pas de réaction avec la solution de cobalt ; Dr=1,5 ; fond très-facilement et est absorbé par le charbon ; colore la flamme en jaune. — *Loweïte*, Dr=2,5—3 ; de petits fragments chauffés dans le tube de verre décrépitent, perdent leur eau et fondent ensuite tranquillement. — *Boussingaultite*, donne avec la potasse l'odeur d'ammoniaque ; contient peu d'eau. — *Kainite*, teinte chair avec la solution cobaltique, colore la flamme en violet, précipite par le nitrate d'argent.

Borax, se boursoufle au chalumeau et fond ensuite ; communique à la flamme une coloration verte fugitive ; éclat gras. — *Carnallite*, très-hygrométrique ; colore faiblement la flamme en violet ; Dr=2—2,5 ; donne sur le charbon un sublimé blanc peu abondant.

β. Ne donnent pas d'eau dans le tube de verre :

Nitre KO,AzO^5. — Salpêtre du Chili NaO,AzO^5. — Azotate de Chaux CaO,ArO^5. — Arcanite KO,SO^3. — Thenardite NaO,SO^3. — Sel gemme $Na\,Cl$.

Déflagrent sur le charbon : *Nitre*, colore la flamme en violet. — *Salpêtre du Chili*, colore la flamme en jaune. — *Azotate de chaux*, colore la flamme en jaune rouge et ne déflagre que faiblement.

Donnent avec le carbonate de soude la réaction du soufre : *Arcanite*, décrépite et fond au chalumeau ; donne faiblement dans la flamme la réaction de la potasse. — *Thenardite*, fond à une haute température en colorant la flamme en jaune.

Sel gemme, goût salé ; fond facilement et colore la flamme en jaune, $Dr=2$.

b. *Insolubles dans l'eau.*

α. La poudre fait effervescence avec l'acide chlorhydrique :

Witherite BaO,CO^2. — Spath calcaire CaO,CO^2. — Arragonite CaO,CO^2. — Strontianite SrO,CO^2. — Gaylussite CaO,CO^2+NaO,CO^2+5HO. — Dolomie CaO,CO^2+MgO,CO^2. — Giobertite MgO,CO^2. — Barytocalcite BaO,CO^2+CaO,CO^2. — Alstonite Ba,CO^2+CaO,CO^2. — Nemalithe $6MgO,CO^2+6HO$. — Hydromagnésite $4MgO,3CO^2+4HO$. — Calamine $ZnOCO^2$.

Donnent de l'eau dans le tube fermé : *Gaylussite,* colore la flamme en jaune ; cassante ; décrépite ; fond en une perle opaque. — *Hydromagnésite*, ne colore pas la flamme ; ne fond pas ; donne avec la solution cobaltique une masse couleur chair, $Dr=3$; mate. — *Nemalithe*, ne colore pas la flamme ; infusible ; devient couleur chair avec la solution cobaltique ; $Dr=2$; éclat soyeux.

Colorent la flamme en vert quand on les a préalablement imbibés d'acide chlorhydrique : *Witherite*, fond facilement en une perle blanche présentant l'aspect de l'émail. — *Borytocalcite*, colore la flamme en jaune vert, devient, au chalumeau, blanc opaque et se recouvre d'un vernis verdâtre. — *Alstonite*, se comporte comme le baryto calcite, mais la plupart des échantillons donnent au bout de quelque temps la flamme pourpre de la strontiane.

Colore la flamme en pourpre quand on l'a préalablement imbibée d'acide chlorhydrique : *Strontianite*.

Humectés d'acide chlorhydrique, colorent la flamme en rouge jaune : *Spath calcaire*, $Dr=3$; infusible au chalumeau ; devient éclatant. — *Arragonite*, $Dr=3,5—4$; infusible au chalumeau ; devient blanc ; chauffée dans le tube fermé, tombe en poudre. — *Dolomie*, $Dr=3,5$; des fragments un peu gros ne font effervescence que lentement par l'acide chlorhydrique ; — la poudre chauffée sur la lame de platine reste divisée, tandis que celle du carbonate de chaux s'agrège. — *Calamine* (quand elle contient de la chaux), donne, sur le charbon, un enduit d'oxyde de zinc.

Ne colore par la flamme : *Giobertite*, $Dr=4-4,5$; infusible ; donne une masse couleur chair avec la solution de cobalt.

β. Donnent la réaction du soufre avec le carbonate de soude :

Karstenite (anhydrite) CaO,SO^3. — Gypse CaO,SO^3+2HO. Barytine BaO,SO^3. — Célestine SrO,SO^3. — Polyhallite $KO,SO^3+ MgO,SO^3 + 2 (CaO,SO^3) + 2HO$. — Glauberite CaO,SO^3+NaO,SO^3. — Alunite $KO,SO^3+3(Al^2O^3,SO^3)+ 6HO$. — Kieserite $MgOSO^4+3HO$. — Aluminite $Al^2O^3,SO^3+ 9HO$. — Keramohallite $Al^2O^3,3SO^3+18HO$.

Donnent de l'eau dans le tube de verre : *Gypse*, devient opaque au chalumeau, s'écaille en décrépitant et fond ensuite en un émail ; $Dr=2$; donne beaucoup d'eau dans le tube de de verre. — *Polyhallite*, donne peu d'eau ; fond facilement au chalumeau en une perle brune ; se dissout dans l'eau sans laisser beaucoup de résidu ; $Dr=3,5$. — *Aluminite*, infusible ; se laisse réduire en poudre. — *Keramohallite*, se gonfle au chalumeau et est ensuite infusible ; $Dr=2$. — *Kieserite*, se dissout lentement dans l'eau.

Calcinée sur le charbon et imbibée d'acide chlorhydrique colore la flamme en pourpre intense : *Célestine*, décrépite et fond en donnant un émail.

Calcinée sur le charbon et imbibée d'acide chlorhydrique colore la flamme en jaune rouge : *Karsténite*, décrépite un peu et fond en un émail blanc.

Calcinée sur le charbon et imbibée d'acide chlorhydrique colore la flamme en jaune : *Glauberite*, goût légèrement salé ; se dissout partiellement dans l'eau ; décrépite au chalumeau.

γ. Il ne se produit aucune des deux réactions précédentes :

Borocalcite $CaO,2BO^3+6HO$. — Pharmacolite $2CaO,AsO^5 +6HO$. — Haidingerite $2CaO,AsO^5+4HO$. — Brucite MgO,HO. — Boracite $2(3MgO,4BO^3)+MgCl$. — Spathfluor $CaFl$. — Cryolithe $3NaFl+Al^2Fl^3$. — Chiolite $3NaFl+2Al^2Fl^3$. — Natrolithe (Mesotype) $NaO,2HO+Al^2O^3,3SiO^2$. — Talc $MgO,2SiO^2+HO$. — Spinelle MgO,Al^2O^3.

La flamme présente la coloration vert pâle de l'acide borique : *Borocalcite*, après la volatilisation de l'acide borique, la flamme se colore en rouge jaune par suite de la présence de la chaux ; donne de l'eau dans le tube fermé. — *Boracite*, fond en bouillonnant au chalumeau en une perle dont la surface se recouvre de cristaux par le refroidissement.

Répandent l'odeur d'ail quand on les chauffe sur le charbon : *Pharmacolite*, fond au chalumeau en un émail blanc.— *Haidingerite*, comme la pharmacolite ; donne un peu moins d'eau ; la pharmacolite est souvent colorée par du cobalt et en donne la réaction avec le borax.

Brucite, infusible au chalumeau, devient blanc et opaque ; éclat nacré ; Dr=1,5 ; donne une masse couleur chair avec la solution cobaltique. — *Spinelle*, Dr=8 ; devient bleu par la liqueur de cobalt.

Dégagent de l'acide fluorhydrique par l'acide sulfurique : *Cryolite*, décrépite légèrement, fond sur le charbon, au chalumeau, en une perle transparente, devenant opaque (émail) par le refroidissement ; colore la flamme en jaune ; Dr=2, 5. — *Chiolite*, les mêmes réactions que la cryolite ; Dr=4. — *Spathfluor*, décrépite au chalumeau et fond en une perle transparente ; colore la flamme en rouge Dr=4.

Natrolite, donne dans la perle au sel de phosphore un squelette de silice ; de petits fragments deviennent opaques quand on les chauffe, mais redeviennent transparents à une plus haute température Dr=5, 5.

Talc, donne un squelette de silice avec le sel de phosphore ; se colore en rouge chair par la liqueur cobaltique ; s'écaille au chalumeau ; Dr=1 ; gras au toucher.

7. Le résidu de la calcination est une poudre magnétique

a. *Minéraux à éclat métallique :*

Hematite Fe^2O^3. — Fer aimant FeO,Fe^2O^3. — Craïtonite (Fer titané). — Limonite $Fe^2O^3,3HO$. — Sidérochrome FeO,Cr^2O^3. — Wolframite FeO,MnO,WoO^3. — Franklinite (FeO,MnO,ZnO) (Fe^2O^3,Mn^2O^3).

Limonite, donne de l'eau dans le tube fermé ; brun foncé ; Dr=5, 5 ; trait jaune brun.

Hematite, anhydre ; infusible ; Dr=6 ; trait rouge.

Fer aimant, est déjà magnétique avant la calcination ; Dr=6 ; trait noir.

Sidérochrome, colore en vert la perle de borax ; Dr=5, 5 ; trait brun.

Craïtoñite, donne une perle violette avec le sel de phosphore au feu de réduction ; trait noir.

Wolframite, donne une perle rouge sang avec le sel de phosphore au feu de réduction ; donne une masse verte quand on la fond avec du carbonate de soude et du salpêtre sur la lame de platine ; trait brun rouge à noir.

Franklinite, donne sur le charbon l'enduit du zinc ; donne les réactions du manganèse ; trait rouge brun.

b. *Minéraux sans éclat métallique :*

Sidérose FeO,CO^2. — Limonite $Fe^2O^3,3HO$. — Gœthite Fe^2O^3,HO. — Hématite rouge Fe^2O^3. — Botryogène $3FeO, 2SO^3+3Fe^2O^3,2SO^3+36HO$. — Voltaïte $(FeO,KO)SO^3+ 2(Fe^2O^5,3SO^3)+12HO$. — Copiapite $2(Fe^2O^3,2SO^3)+21HO$. — Misy $2Fe^2O^3,5SO^3+6HO$. — Nontronite $Fe^2O^3,2SiO^2+3HO$. — Coquimbite $Fe^2O^3,3SO^3+9HO$.

Donnent de l'eau dans le tube fermé : *Limonite*, $Dr=5,5$; éclat adamantin ou vitreux ; trait jaune brun. — *Gœthite,* donne moins d'eau que la limonite ; $Dr=4,5$; cassante ; transparente en lames minces ; trait jaune brun. — *Botryogène,* se gonfle au chalumeau ; réaction du soufre ; transparent ; éclat vitreux ; trait ocre jaune. — *Voltaïte,* forme au chalumeau une masse terreuse ; réaction du soufre ; peu soluble dans l'eau ; trait gris verdâtre ; opaque et noire. — *Coquimbite,* donne la réaction du soufre ; blanche, bleue ou verte ; trait blanc. — *Copiapite,* réaction du soufre ; transparente ; éclat nacré ; jaune. — *Misy,* comme la copiapite, mais moins d'eau. — *Nontronite,* ne donne pas la réaction du soufre ; squelette de silice à la perle de sel de phosphore ; jaune paille mat ; grasse au toucher ; devient rougeâtre au chalumeau.

Ne donne pas d'eau : *Sidérose.*

II. La substance mêlée avec du carbonate de soude est chauffée sur le charbon au feu de réduction.

1. La masse fondue donne sur la lame d'argent la réaction du soufre, il y a en outre un globule métallique.

a. *Corps anhydres :*

Bismuthine BiS^3. — Tetradymite $BiS^3+2BiTe^3$. — Galène PbS. — Anglesite PbO,SO^3. — Bismuthite $BiO^3CO^2+ 3$.

BiO^3,SO^3. — Leadhillite $PbO,SO^3+3(PbO,CO^2)$. — Lanarkite PbO,SO^3+PbO,CO^2. — Nadelerz $3Cu^2S,BiS^3+2(3PbS, BiS^3)$. —Millerile NiS. — Linneite CO^2S^3. — Argyrose AgS. — Cuproplombite $2PbS+Cu^2S$. —Stromeyerine Cu^2S+AgS. —Stannine $2FeS,SnS^2+2Cu^2S,SnS^2$. — Chalkosine Cu^2S.— Covelline CuS. — Cuivre panaché (Phillipsite) $3Cu^2S,Fe^2S^3$. — Chalkopyrite Cu^2S,Fe^2S^3. — Fer sulfuré nickelifère $NiS+2FeS$. — Carménite Cu^2S+CaS. — Rahtite Cu^2S+ZnS.

Le globule métallique est un globule de bismuth : *Bismuthite*, fait effervescence avec l'acide chlorhydrique ; $Dr=3, 5$; éclat vitreux ou mat ; verdâtre ou jaunâtre ; trait blanc. — *Tedradymite*, donne la réaction du tellure ; sent d'ordinaire les choux pourris ; éclat métallique ; blanc d'argent ; trait noir ; $Dr=1, 5$. — *Bismuthine*, fond facilement au chalumeau en bouillonnant et formant des projections ; $Dr=2, 5$; éclat métallique ; gris d'acier en jaune de laiton ; trait nul. — *Nadelerz*, donne la réaction du cuivre ; $Dr=2, 5$; éclat métallique ; gris d'acier ; trait gris foncé.

Le globule métallique est un globule de plomb : *Galène*, décrépite dans le tube fermé et donne un sublimé de soufre ; éclat métallique ; gris de plomb ; $Dr=2$; trait gris foncé. — *Anglésite*, décrépite au chalumeau ; éclat variant depuis l'éclat adamantin jusqu'à l'éclat gras ; $Dr=3$; blanche, grise, brunâtre ; trait gris. — *Leadhillite*, se gonfle au chalumeau et se colore en jaune, mais reprend sa couleur blanche par le refroidissement ; se réduit facilement en plomb ; fait effervescence avec l'acide chlorhydrique ; $Dr=2,5$; transparente ; jaunâtre ; trait blanc. — *Lanarkite*, fond au chalumeau en un globule blanc ; ne fait que légèrement effervescence avec l'acide chlorhydrique ; $Dr=2$; transparente ; blanc verdâtre ; trait blanc. — *Cuproplumbite*, donne la réaction du cuivre ; le globule n'est pas aussi malléable que le sont d'ordinaire les globules de plomb ; fond au chalumeau en bouillonnant ; gris de plomb ; trait noir.

Le globule métallique est un globule de Nickel : *Millerite*, s'agglomère au chalumeau et devient magnétique ; éclat métallique ; jaune. — *Fer sulfuré nickelifère*, donne d'une façon marquée la réaction du fer ; $Dr=4$; éclat métallique ; brun de bronze.

Le globule métallique est un globule de cuivre ; *Chalkosine*, fond au chalumeau, sur le charbon, en un globule qui donne de fortes projections ; dans la flamme intérieure se revêt d'une croûte et ne fond pas ; $Dr=2,5—3$; éclat métallique ; trait noir. — *Covelline*, comme la chalkosine ; $Dr=1,5$;

éclat gras. — *Cuivre panaché,* fond au chalumeau en un globule magnétique gris d'acier; rouge de cuivre ou irisé; donne la réaction du fer; trait noir. — *Chalkopyrite,* décrépite au chalumeau et fond ensuite en une masse magnétique; éclat métallique; jaune de laiton; trait noir verdâtre; donne la réaction du fer. — *Carménite,* facilement fusible au chalumeau; éclat métallique; gris d'acier; trait brillant. — *Rahtite,* fond au chalumeau en bouillonnant; donne sur le charbon l'enduit du zinc; gris de plomb; trait brun rougeâtre. — *Stromeyerine,* fond facilement au chalumeau, sur le charbon, en un globule gris, à éclat métallique; on découvre l'argent par la voix humide; éclat métallique; gris de plomb; trait nul. — *Stannine,* fond au chalumeau en un globule gris cassant; donne la réaction du fer; quand on le fond avec le carbonate de soude, sur le charbon, on obtient des paillettes d'étain; Dr=4, 5; éclat métallique; couleur variant du gris d'acier au jaune de laiton; trait noir. — Les combinaisons sulfurées du cuivre donnent aussitôt après la calcination avec le carbonate de soude un globule de cuivre bien net.

Le globule métallique est un globule d'argent : *Argyrose,* fond au chalumeau en bouillonnant; Dr=2, 5; trait brillant.

Linnéite, colore en bleu la perle de borax; fond au chalumeau ; Dr =5,5 ; blanc d'étain.

b. *Corps hydratés :*

Linarite $PbO,SO^3+CuOHO$. — Bieberite CuO,SO^3+7HO. — Cyanose CuO,SO^3+5HO. — Brochantite $CuO,SO^3+3(CuOHO)$. — Langite $4CuO,SO^3+4HO$. — Marcylite $(CuO—SO^3—CuS—HO—FeS)$.

Donnent la réaction du cuivre : *Linarite,* donne sur le charbon, au chalumeau, un enduit jaune; fond facilement; éclat adamantin; bleu d'outre-mer; trait bleu clair. — *Cyanose,* blanchit au chalumeau, se gonfle, puis fond et noircit; éclat vitreux; bleu ciel; trait blanc bleuâtre. — *Brochantite,* fond au chalumeau; éclat vitreux; transparente, verte; trait vert. — *Langite,* ne diffère de la brochantite que par une plus forte proportion d'eau. — *Marcylite,* dégage de l'hydrogène sulfuré par l'acide chlorhydrique; donne la réaction du fer; fond au chalumeau; noire. — *Bieberite,* colore en bleu la perle de borax; éclat soyeux ou vitreux; rose ; trait blanc rougeâtre.

2. La masse fondue donne la réaction du soufre, mais il n'y a pas de globule métallique.

a. *Minéraux hydratés :*

Websterite (Aluminite) Al^2O^3,SO^3+9HO. — Keramohallite $Al^2O^3,3SO^3+18HO$. — Johannite $U^2O^3SO^3+nHO$. — Goslarite ZnO,SO^3+7HO. — Pissophane $2(Al^2O^3,Fe^2O^3)SO^3+18HO$. — Cacoxène $(Fe^2O^3-Al^2O^3-SO^3-PO^5-HO)$.

Deviennent bleus avec la solution de Cobalt : *Aluminite*, infusible au chalumeau ; $Dr=5$. — *Keramohallite*, se gonfle au chalumeau et devient infusible ; facilement soluble dans l'eau ; $Dr=2$. — *Pissophane*, sa couleur bleue est indécise ; la perle de borax donne la coloration du fer ; noircit au chalumeau.

Deviennent verts avec la solution cobaltique : *Goslarite*, donne sur le charbon, au chalumeau, un enduit jaune à chaud, blanc à froid ; se gonfle au chalumeau et produit une masse blanche infusible.

Johannite, se convertit au chalumeau en une masse noire, s'écrasant facilement ; colore en vert la perle de borax ; vert pré ; trait vert pâle.

Cacoxène, décrépite au chalumeau ; donne dans la flamme d'oxydation une scorie magnétique ; la perle de borax présente la coloration du fer ; jaune ; trait jaune.

b. *Minéraux anhydres :*

Pyrrhotine (Leberkise) Fe^2S^3+5FeS. — Pyrite FeS^2. — Marcassite FeS^2. — Alabandine MnS. — Hauerite MnS^2. — Blende ZnS. — Greenockite CdS. — Molybdénite MoS^2. — Christophite $5ZnS+3FeS$. — Chalkopyrite $Cu^2S+Fe^2S^3$. — Cuivre panaché $3Cu^2S+Fe^2S^3$. — Chalkosine Cu^2S. — Covelline CuS. — Carménite Cu^2S+CuS. — Rahtite Cu^2S+ZnS. — Stannine $2FeS,SnS^2+2Cu^2S,SnS^2$.

La perle de borax présente la réaction du fer : *Pyrite*, fond au chalumeau dans la flamme intérieure en un globule noir magnétique ; $Dr=6-6,5$; jaune ; trait gris. — *Marcassite*, répand l'odeur du soufre quand on la chauffe, même dans la flamme éclairante ; se comporte au chalumeau comme la pyrite ; $Dr=6-6,5$; jaune verdâtre ; trait noir verdâtre. —

Pyrrhotine, magnétique avant la calcination; fond au chalumeau en une masse noire magnétique; Dr=3,5—5 ; jaune bronze; trait gris noir.

La perle de borax est violette au feu d'oxydation : *Alabandine*, au chalumeau ne fond que sur les arêtes en formant une scorie brune; Dr=3,5; noire ou brune; trait vert. — *Hauérite*, dans le tube fermé on obtient un sublimé de soufre et un résidu vert; Dr=4; rouge brun; trait rouge brun.

Donnent sur le charbon, au chalumeau, un enduit blanc à froid, jaune à chaud : *Blende*, décrépite au chalumeau, ne fond pas; Dr=3,5; trait variant du blanc jaunâtre au brun. — *Christophite*, donne la réaction du fer; Dr=5; noir de velours; trait brun noirâtre.

Greenokite, donne sur le charbon, au chalumeau, une scorie brune; trait variant du jaune orange au rouge brique.

Molybdénite, la perle au sel de phosphore est verte au feu de réduction; devient brune quand on la chauffe dans le tube fermé; infusible au chalumeau.

Donnent un globule de cuivre quand on les fond, après calcination, avec du carbonate de soude et du borax (ou bien donnent au feu de réduction une perle de borax brune surtout après addition d'étain en feuilles) : *Chalkosine*, fond au chalumeau sur le charbon, en un globule qui produit de fortes projections ; éclat métallique ; Dr=2,5—3 ; trait noir. — *Covelline*, comme la chalkosine, éclat gras. — *Cuivre panaché*, fond au chalumeau en un globule magnétique gris d'acier ; rouge de cuivre ou irisé; trait noir; donne la réaction du fer. — *Chalkopyrite*, décrépite au chalumeau et fond en une masse grise magnétique; éclat métallique; jaune de laiton ou irisée; trait noir verdâtre; donne la réaction du fer. — *Carménite*, facilement fusible au chalumeau; éclat métallique; gris d'acier; trait brillant. — *Rahtite*, fond au chalumeau en bouillonnant; donne sur le charbon l'enduit du zinc; gris de plomb; trait brun rougeâtre. — *Stannine*, fond au chalumeau en un globule cassant; donne la réaction du fer; avec le carbonate de soude au feu de réaction on obtient des paillettes d'étain; Dr=4,5 ; éclat métallique.

3. La masse fondue ne donne pas la réaction du soufre, mais il reste un globule métallique.

a. *Le globule est un globule de bismuth :*

Bismuth natif. — Bismuthocre BiO^3. — Bismuth carbonaté $4BiO^3,3CO^2+4HO$. — Eulytine $2BiO^3,3SiO^2$.

Bismuth natif, fond facilement au chalumeau; Dr=2,5; éclat métallique; blanc d'argent; généralement irisé à la surface; trait nul; cassant. — *Bismuthocre*, se réduit sur le charbon, au chalumeau, et fond ensuite en un grain métallique; Dr=1,5; éclat céroïde; s'écrase aisément; jaune; trait blanc jaunâtre. — *Bismuth carbonaté*, se réduit et fond au chalumeau sur le charbon; dans le tube fermé se colore en brun; fait effervescence avec les acides; donne de l'eau dans le tube fermé; éclat vitreux; blanc. — *Eulytine*, fond au chalumeau; la perle de sel de phosphore présente un squelette de silice; éclat adamantin; Dr=4,5; brune; trait jaune gris.

b. *Le globule est un globule de plomb :*

Plomb natif. — Plattnérite PbO^2. — Minium Pb^3O^4. — Matlockite $PbCl+PbO$. — Mendipite $PbCl+2PbO$. — Pyromorphite $3(3PbO,PbO^5)+PbCl$. — Céruse PbO,CO^2. — Cérasine $PbCl+PbO,CO^2$. — Scheelitine PbO,WO^3. — Mélinose PbO,MoO^3. — Vanadinite $3(3PbO,VO^5)+PbCl$. — Dechenite PbO,VO^3. — Crocoïse PbO,CrO^3. — Melanochroïte $3PbO,2CrO^3$. — Eusynchite $3(PbZn)OVO^3$. — Vauquelinite $3CuO,2CrO^3+2(3PbO,2CrO^3)$.

Donnent la réaction de l'oxygène : *Plattnérite*, noir de fer; trait brun. — *Minium*, rouge; trait orange.

Font effervescence avec les acides : *Céruse*, décrépite au chalumeau, prend ensuite une couleur orangée et se réduit enfin en plomb métallique; Dr=3. — *Cérasine*, Dr=2,5; fond facilement au chalumeau dans la flamme extérieure en un globule qui devient jaune pâle par le refroidissement; se réduit facilement avec dégagement de vapeurs acides.

La perle de borax est verte dans la flamme intérieure, jaune dans la flamme extérieure (réaction du vanadium) : *Vanadinite*, décrépite fortement; fond en un globule qui se réduit en plomb en émettant des étincelles. — *Dechenite*, fond facilement au chalumeau; trait jaunâtre. — *Eusynchite*, donne sur le charbon l'enduit du zinc; trait jaune pâle.

La perle de borax présente dans les deux flammes la coloration verte du chrome : *Crocoïse*, décrépite, fond facilement et s'étend sur le charbon; éclat adamantin; trait orange. — *Melanocroïte*, ne décrépite que légèrement au chalumeau et fond en une masse sombre; trait rouge brique. — *Vauquelinite*, donne la réaction du cuivre; se gonfle un peu au chalumeau et fond ensuite en bouillonnant fortement et produisant un globule gris foncé ; trait vert serin.

Pyromorphite, décrépite dans le tube de verre, fond au chalumeau, sur le charbon, dans la flamme extérieure en une perle qui présente par le refroidissement une surface cristalline et donne un faible enduit blanc de chlorure de plomb ; colore la flamme en bleu ; beaucoup d'échantillons répandent l'odeur de l'arsenic.

La perle de sel de phosphore, au feu de réduction, présente la couleur bleue du wolfram : *Scheelitine,* fond sur le charbon en un globule cristallin à éclat métallique ; trait gris.

La perle de sel de phosphore au feu de réduction présente la couleur verte du molybdène : *Mélinose*, décrépite au chalumeau et fond sur le charbon ; trait blanc.

Mendipite, répand au chalumeau, sur le charbon, l'odeur d'acide chlorhydrique ; se réduit en plomb métallique.

Matlockite, décrépite, puis fond en un globule gris jaune. La teneur en chlore de la mendipite et de la matlockite se décèlent mieux par la voie humide.

Plomb natif, facilement fusible au chalumeau ; donne sur le charbon un enduit jaune abondant ; Dr=1,5 ; éclat métallique ; trait brillant.

c. *Le globule est un globule d'argent :*

Argent natif. — Kérargyrite $AgCl$. — Bromargyrite $AgBr^2$. — Iodargyrite AgI^2. — Amalgame $AgHg^2$.

Argent natif, fond au chalumeau ; cassure fibreuse ; trait brillant.

Kérargyrite, fond déjà à la flamme d'une bougie ; donne au chalumeau une perle brunâtre ; cassure conchoïde ; Dr=1,5 ; transparente ; trait blanc.

Bromargyrite, la poudre est vert clair et devient rapidement grise à la lumière.

Iodargyrite, fond au chalumeau en un globule d'argent en colorant la flamme en rouge pourpre, Dr=1 ; trait brillant.

Amalgame, dans le tube de verre bout et forme des projections ainsi qu'un sublimé d'argent et de mercure ; sur le charbon le mercure s'évapore et il reste un globule d'argent ; Dr=3.

d. *Le globule est un globule de cuivre ou il se forme une scorie cuivreuse :*

Cuivre natif. — Zigueline Cu^2O. — Mélaconise CuO. — Atakamite $CuCl+3(CuO,HO)$. — Libethenite $3CuO,PhO^5+$

CuO,HO. — Thrombolite $3CuO,2PO^5+6HO$. — Lunnite $3CuO,PhO^5+3(CuoHO)$.— Malachite CuO,CO^2+CuO,HO.— Azurite $2(CuO,CO^2)+CuO,HO$. — Dioptase CuO,SiO^2+HO. —Chrysocolle CuO,SiO^2+2HO. — Crednerite $3CuO,2Mn^2O^3$. — Volborthite $4(CuCa)O,VO^3+HO$.

Sont anhydres : *Cuivre natif,* cassure granuleuse ; Dr=2,5 ; rouge de cuivre ; éclat métallique ; trait brillant. — *Zigue-line,* noircit au chalumeau et fond ensuite en un globule de cuivre ; Dr=3,5 ; rouge carmin ; trait rouge brun. — *Méla-conise,* se réduit au chalumeau en un globule de cuivre ; Dr=3 ; grise d'acier ;bleue ou noire brune ; trait nul. — *Cred-nerite,* infusible au chalumeau, donne la réaction du manga-nése ; Dr=4,5.

Sont hydratés : — Infusibles au chalumeau : *Dioptase,* prend au chalumeau une couleur noire dans la flamme exté-rieure, rouge dans la flamme intérieure ; Dr=5 ; trait vert ; la perle au sel de phosphore présente un squelette de silice. — *Chrysocolle,* noircit, puis brunit au chalumeau ; Dr=2,5 ; trait blanc verdâtre ; squelette de silice dans la perle de phos-phore.

Font effervescence avec l'acide chlorhydrique : *Malachite,* fond en un globule et se réduit à une haute température ; verte ; trait vert. — *Azurite,* fond et se réduit au chalumeau ; bleue ; trait bleu.

Atakamite, colore la flamme en vert bleu ; Dr=4.

Libethenite, fond au chalumeau, sur le charbon, en un glo-bule gris d'acier ; Dr=3,5 ; éclat gras ou vitreux ; verte ; trait jaune verdâtre.

Lunnite, fond au chalumeau en un globule gris d'acier ; Dr=4,5 ; éclat vitreux ; verte ; trait vert.

Thrombolite, se comporte comme la lunnite.

Volborthite, fond au chalumeau, sur le charbon, en une scorie noire ; donne de l'eau dans le tube fermé et noircit en même temps ; Dr=3,5 ; vert olive ; trait jaune.

e. *Le globule est un autre métal :*

Cobalt terreux noir $CoO,2MnO^2+4HO$.— Nickel-émeraude $3NiO,CO^2+6HO$. — Or natif.

Cobalt terreux, colore en bleu la perle de borax ; donne une masse verte quand on le fond sur une lame de platine avec du nitrate et du carbonate de soude.

Nickel émeraude, colore la perle de borax dans la flamme extérieure en rouge brun ; fait effervescence avec les acides.

Or natif, très-difficilement fusible ; jaune ; Dr=2,5 ; éclat métallique ; poids spécifique élevé.

III. La perle de borax est rouge améthyste dans la flamme extérieure.

1. Minéraux à éclat métallique :

Pyrolusite MnO^2. — Haussmanite Mn^3O^4. — Braunite Mn^2O^3. — Marceline Mn^2O^3 (contenant SiO^2). — Acerdèse Mn^2O^3,HO. — Psilomélane MnO^2,BaO,HO. — Wolframite $(FeMn)O,WoO^3$.

Dégagent du chlore quand on les chauffe avec de l'acide sulfurique et du sel marin : *Pyrolusite,* donne beaucoup de chlore ; Dr=2 ; trait noir. — *Haussmanite,* donne peu de chlore ; Dr=5,5 ; trait rouge brun. — *Braunite,* donne peu de chlore ; Dr=6,5 ; trait noir. — *Marceline,* comme pour la braunite. — *Acerdèse,* donne peu de chlore, donne de l'eau dans le tube bouché ; Dr=4 ; trait brun. — *Psilomélane,* dégage peu de chlore et donne un peu d'eau dans le tube fermé, Dr=5,5 ; éclat incomplètement métallique ; trait brun noir brillant ; se dissout facilement dans l'acide chlorhydrique et précipite ensuite par l'acide sulfurique.

Ne donne pas de chlore : *Wolframite,* fond facilement en un globule magnétique recouvert de cristaux ; se dissout dans l'acide chlorydrique avec un résidu jaune ; Dr=5,5 ; trait brun ou noir.

2. Minéraux à éclat métallique :

Diallogite MnO,CO^2. — Manganocalcite (MnO,CaO,MgO, CO^2). — Rhodonite MnO,SiO^2. — Téphroïte $2MnO,SiO^2$. Helvine $(MnO,FeO,SiO^2.BiO.MnS)$. — Wad (MnO^2,MnO, CaO,BaO,HO). — Karpholite $2(Al.Mn)^2O^3,3SiO^2+3HO$. — Grenat alumino-manganeux $3(Mn,Ca)O,2SiO^2+Al^2O^3SiO^2$. — Pyrochroïte, MnO,HO. — Epidote manganésifère ou piémontite $3(2MnO,SiO^2)+2Al^2O^3,3SiO^2$. — Zwieselite

$3(3[Fe,Mn]O,PO^5)+FeFl$. — Childrénite $2(4[Fe,Mn]O,PO^5+$
$2Al^2O^3,PO^5)+15HO$. — Tantalite $(Fe,Mn)O,TaO^2$. — Colum-
bite (Niobite $(Fe,Mn)O,NbO^3$. — Calamine manganésifère
(Zn,Mn) O,CO^2. — Triplite $4FeMnO,PO^5$. — Triphylline
$3(4i,Fe,Mn)O,PO^5$.

Donnent de l'eau dans le tube fermé : *Wad*, dégage du
chlore avec l'acide sulfurique et le chlorure de sodium;
diminue de volume au chalumeau; $Dr=1$; éclat gras; trait
brun; tachant le papier. — *Pyrochroïte*, éclat nacré; blanche; $Dr=1—1,5$; se colore en bronze à l'air; verdit, puis
brunit sous [l'action de la chaleur. — *Karpholite,* se gonfle
au chalumeau, puis fond difficilement en un émail opaque
brunâtre; $Dr=5$; éclat nacré; jaune paille; trait blanc. —
Childrénite, se gonfle au chalumeau et colore la flamme en
vert bleu; donne beaucoup d'eau; $Dr=5$; transparente; éclat
vitré; jaune de vin; trait jaunâtre.

Fait effervescence avec l'acide chlorhydrique : *Diallogite,*
décrépite un peu au chalumeau; $Dr=4$; trait blanc rougeâtre. — *Manganocalcite,* $Dr=5$; trait blanc. — *Calamine,*
donne sur le charbon l'enduit du zinc.

Donnent un squelette de silice dans la perle de sel de
phosphore :

a. Solubles dans l'acide chlorhydrique : *Téphroïte*, fond au
au chalumeau en une scorie noire; $Dr=5,5$; éclat vitreux;
brune ou grise; trait gris clair. — *Helvine*, fond en bouillonnant, au chalumeau, dans la flamme intérieure et donne
une perle trouble; donne sur le charbon l'enduit de bismuth;
donne d'une manière peu accusée la réaction du soufre;
$Dr=6$; éclat gras; jaune verte; trait gris.

b. Insolubles dans l'acide chlorhydrique : *Rhodonite*, fond
au chalumeau, sur le charbon, en un globule noir; $Dr=5,5$;
rouge brun; trait blanc rougeâtre. — *Epidote*, fond facilement en un verre noir; $Dr=6—5$; noire rougeâtre; trait
gris clair. — *Grenat*, fond facilement $Dr=7$; rouge brun;
trait gris.

Zwieselite, décrépite au chalumeau et fond facilement;
$Dr=5$; brune; éclat gras; trait blanc grisâtre; imbibée d'acide
chlorhydrique colore la flamme en vert bleu clair.

Tantalite, infusible au chalumeau : ne donne que faiblement la réaction de manganèse; $Dr=6,5$; noir de fer; trait
brun.

Columbite, infusible; ne donne que faiblement la réaction du
manganèse; $Dr=6,5$; brun noire.

Triplite, fond facilement sur le charbon, au chalumeau,
bouillonne fortement et donne un globule métallique

brillant ; Dr=5,5 ; éclat gras ; trait gris verdâtre à jaune brun.

Triphylline, fond facilement'et tranquillement au chalumeau en un globule magnétique gris d'acier ; colore la flamme en vert bleu pâle, quelquefois en rouge ; ne donne que faiblement la réaction du manganèse ; éclat gras ; gris verdâtre ; trait gris clair.

IV. La substance pulverisée calcinée avec la solution de cobalt donne une coloration verte :

Oxyde de zinc ZnO. — Calamine ZnO,CO^2. — Zinconise $3ZnO,CO^2+3HO$. — Gahnite $(Zn,Fe,Mg)O,Al^2O^3$. — Willémite $2ZnO,SiO^2$. — Smithsonite $2ZnO,SiO^2+HO$.

Font effervescence avec l'acide chlorhydrique : *Calamine*, infusible ; Dr=5. — *Zinconise*, Dr=2,5 ; donne de l'eau dans le tube fermé.

Donnent un squelette de silice dans la perle de sel de phosphore : *Smithsonite*, décrépite et donne de l'eau dans le tube fermé. — *Willémite*, anhydre ; Dr=5,5.

Soluble dans l'acide chlorhydrique : *Oxyde de zinc*, Dr=4 ; éclat adamantin ; trait jaune.

Insoluble dans l'acide chlorhydrique : *Gahnite*, éclat vitreux ; trait blanc.

V. Solubles sans résidu dans l'acide chlorhydrique.

1. Fusibles au chalumeau.

a. *Donnent de l'eau dans le tube bouché :*

Sassoline $BoO^3,3HO$. — Hydroboracite $3(Ca,Mg)O,4BoO^3 +9HO$. — Uranite $(Ca,Cu)O,PO^5+2U^2O^3+8HO$. — Dufrénite $2(2Fe^2O^3,PO^5)+5HO$. — Vivianite $3FeO,PO^5+8HO$.

Sassoline, colore la flamme en vert ; donne un sublimé dans le tube bouché ; Dr=1.

Hydroboracite, fond au chalumeau et colore la flamme en vert pâle ; Dr=2 ; ne se dissout pas complètement dans l'eau.

Uranite, donne la réaction de l'urane. *a* Uranite calcifère, trait jaune de soufre. — *b* Uranite cuprifère : trait vert pomme.

Dufrénite, communique à la perle du borax la coloration du fer, fond au chalumeau en une scorie globuleuse ; Dr=3,5 ; éclat soyeux ; couleur variant du vert au brun ; trait gris jaune.

Vivianite, bouillonne au chalumeau, prend une couleur rouge qui fond en un globule ; Dr=1,5 ; éclat vitreux ; trait blanc bleu.

b. *Ne donnent pas d'eau dans le tube bouché :*

Wagnérite $3MgO,PO^5+MgFl$. — Apatite $3(3CaO,PO^5)+Ca\begin{cases}Cl\\Fl\end{cases}$. — Cryolite $3NaFl+Al^2Fl^3$. — Amblygonite $5(LiNa)O, 3PO^5+5Al^2O^3,3PO^5+(LiFl+Al^2Fl^3)$. — Chiolite $3NaFl+2Al^2Fl^3$. — Boracite $2(3MgO,4BoO+HO)+MgCl$. — Keilhauite $3CaO,SiO^2+2R^2O^3,3SiO^2+YO,TiO^2$. — Molybdénocre MoO^3.

Boracite, colore la flamme en vert pâle ; donne un peu d'eau à une température très élevée ; Dr=7.

Après avoir été imbibée d'acide sulfurique la substance se colore en vert bleu : *Wagnerite,* fond au chalumeau en bouillonnant ; Dr=3 ; se dissout dans l'acide sulfurique étendu. — *Apatite*, fond tranquillement ; Dr=5 ; insoluble dans l'acide sulfurique étendu. — *Amblygonite* ; fond très-facilement ; Dr=2 ; donne faiblement les réactions du fluor et du Lithium.

Cryolite, fond même dans la flamme ordinaire en une perle limpide qui devient opaque par refroidissement ; dans le tube fermé, donne la réaction de l'acide fluorhydrique ; Dr=2,5. — *Chiolite*, comme la cryolite ; Dr=4. Toutes deux communiquent à la flamme la coloration de la soude.

Keilhauite, la perle de sel de phosphore contient un squelette de silice ; dans la flamme intérieure elle a la couleur caractéristique des sels de titane.

Molybdénocre, donne la réaction du molybdène ; terreux ; trait jaune.

2. Infusibles au chalumeau.

a. *Minéraux hydratés :*

Uranocre U^2O^3+nHO. — Kalaïte $2Al^2O^3,PO^5+5HO$. — Péganite $2Al^2O^3,PO^5+6HO$. — Fischérite $2Al^2O^3,PO^5+8HO$.

— Lanthanite $3LaO,CO^2+4HO$. — Parisite $(CeO,LaO).CO^2$. HO. — Wavellite $3(4Al^2O^3,3PO^5+18HO)+Al^2Fl^3$. — Gibbsite Al^2O^5,PO^5+8HO. — Hydrargillite $Al^2O^3,3HO$.

Colorent la flamme en vert quand on les a d'abord imbibés d'acide sulfurique : *Kalaïte*, brunit au chalumeau ; Dr$=6$; éclat céroïde ; verte ; trait blanc. — *Péganite*, comme la kalaïte ; Dr$=3,5$. — *Fischérite*, comme la kalaïte ; Dr$=5$. — *Wavellite*, dans le tube bouché dégage un peu d'acide fluorhydrique, s'effeuille et blanchit au chalumeau ; devient bleu avec la solution cobaltique. — *Gibbsite*, comme la wavellite, mais ne change pas au chalumeau.

Font effervescence avec l'acide chlorhydrique : *Lanthanite*, brunit dans le tube fermé ; éclat nacré ou mat ; trait blanc.— *Parisite*, brunit dans le tube fermé ; éclat vitreux ; trait jaune blanc.

Uranocre, la perle de sel de phosphore donne la réaction de l'urane ; devient rouge dans le tube fermé ; D$=1$; terreux ; jaune.

Hydrargillite, blanchit et s'effeuille au chalumeau, puis devient lumineux sans fondre ; devient d'un beau bleu avec la solution cobaltique ; Dr$=2,5$; transparente.

b. *Minéraux anhydres :*

Pechurane UO,U^2O^3. — Oxide chromique Cr^2O^3. — Giobertite MgO,CO^2 — Monazite $3(Ce,La)O,PO^5$. — Polycrase $(TiO^2.NbO^2.ZrO^2.YO.FeO)$. — Fluocerite $CeFl$. — Périclase MgO. — Apatite $3(3CaO,PO^5)+Ca\begin{Bmatrix}Cl\\Fl\end{Bmatrix}$

Pechurane, donne la réaction de l'urane ; Dr$=5,5$; éclat gras ; trait noir.

Oxyde Chromique, perle de borax d'un beau vert ; mou et terreux.

Apatite, après avoir été imbibée d'acide sulfurique colore la flamme en vert bleu pâle.

Giobertite, fait effervescence avec l'acide chlorhydrique ; se colore en rouge chair avec la solution cobaltique.

Monazite, après avoir été imbibée d'acide sulfurique, colore la flamme en vert bleu ; trait jaune rougeâtre.

Polycrase, décrépite au chalumeau ; chauffée rapidement au rouge, elle forme une masse jaune brun brillante ; trait jaune brun.

Fluocerite, dégage de l'acide fluorhydrique quand on la

chauffe avec de l'acide sulfurique; blanchit au chalumeau.
— *Yttrocerite*, comme la fluocerite.

Périclase, éclat vitreux; D=6; devient rouge chair avec la solution cobaltique.

VI. Solubles dans l'acide chlorhydrique avec formation de gelée de silice

1. Fusibles au chalumeau

a. *Hydratés* :

Datolithe $CaO,2SiO^2+CaO,BO^3+HO$. — Mésotype $NaO, SiO^2+Al^2O^3,2SiO^2+2HO$. — Analcime $NaO,SiO^2+Al^2O^3, 3SiO^2+2HO$. — Scolésite $CaO,SiO^2+Al^2O^3,2SiO^2+3HO$. — Laumonite $CaO,SiO^2+Al^2O^3,3SiO^2+4HO$. — Christianite $RO,SiO^2+Al^2O^3,SiO^2+5HO$. — Gismondine $CaO,SiO^2+Al^2O^3,SiO^2+4HO$. — Gmélinite $NaO,SiO^2+Al^2O^3,3SiO^2+6HO$. — Faujasite $RO,2SiO^2+Al^2O^3,3SiO^2+8HO$. — Thomsonite $3(CaO,SiO^2)+3(Al^2O^3,SiO^2)+7HO$. — Hisingérite $3(FeO,SiO^2)+2Fe^2O^3,SiO^2)+6HO$. — Nontronite $Fe^2O^3, 3SiO^2+5HO$.

Communiquent à la flamme la coloration jaune de la soude : *Mésotype*, devient opaque au chalumeau et fond ensuite tranquillement en un vert transparent; Dr=5; éclat vitreux. Souvent sa poudre humectée d'eau a une réaction alcaline. — *Analcime*, fond en une perle renfermant des bulles transparentes; Dr=5,5; éclat vitreux ou nacré; a aussi parfois une réaction alcaline. — *Christianite*, bouillonne au chalumeau et fond ensuite tranquillement en une perle transparente; Dr=4,5; éclat vitreux. — *Faujasite*, communique faiblement à la flamme la coloration de la soude; bouillonne au chalumeau et fond en un émail blanc; éclat adamantin ou vitreux; Dr=7.

Gmélinite, donne faiblement la coloration de la soude; fond facilement en un émail peu transparent, rempli de bulles gazeuses; Dr=4,5. — *Thomsonite,* donne faiblement la coloration de la soude; au chalumeau, bouillonne, devient blanche et opaque et fond ensuite en un émail blanc; Dr=5—5,5.

Datolithe, communique à la flamme la coloration vert pâle de l'acide borique; bouillonne au chalumeau, puis fond; Dr=5,5 ; éclat gras ou vitreux; cassante.

Scolésite, se racornit en forme de vers au chalumeau et fond ensuite facilement en une perle remplie de bulles; Dr=5,5 ; éclat vitreux.

Laumonite, bouillonne au chalumeau, puis fond en une perle blanc de lait; Dr=3,5; la poudre humectée d'eau a souvent une réaction alcaline.

Gismondine, bouillonne et décrépite au chalumeau, devient transparent et blanche et fond en un émail blanc rempli de bulles; Dr=5 ; éclat vitreux.

Hisingérite, donne avec le borax la coloration du fer; fond au chalumeau en une boule opaque noire, attirable à l'aimant; éclat gras ; noire; trait brun jaune.

Nontronite, prend une couleur rouge au chalumeau; magnétique après calcination; jaune paille; grasse au toucher.

b. *Anhydres :*

Hauyne $3(NaO,SiO^2+Al^2O^3,SiO^2)+2CaO,SO^3$. — Noséane $3(NaO,SiO^2+Al^2O^3,SiO^2)+NaO,SO^3$. — Sodalithe $3(NaO, SiO^2+Al^2O^3,SiO^2)+NaCl$. — Lapis Lazuli $(SiO^2,Al^2O^3,SO^3, NaO,CaO)$. — Scolopsite $3(3NaO,SiO^2+Al^2O^3,SiO^2)+NaO, SO^3$. — Wollastonite CaO,SiO^2. — Eudialyte $2RO,SiO^2+ ZrO^2,2SiO^2$. — Eukolite $(NbO^2.ZrO^2.SiO^2.CuO.NaO)$. — Nephéline $4RO,SiO^2+4Al^2O^3,5SiO^2$. — Wernerite $3(3CaO,SiO^2) +2(Al^2O^3,3SiO^2)$. — Humboldtilithe $2(3RO,2SiO^2)+(R^2O^3, SiO^2)$. — Tscheffkinite $(SiO^2.TiO^2.CeO.LaO.FeO.CuO)$. — Orthite $3(3RO,2SiO^2)+2(Al^2O^3,SiO^2)$. — Fayalite $2FeO,SiO^2$. Liévrite.

Donnent la réaction du soufre avec le carbonate de soude : *Hauyne,* décrépite au chalumeau et fond en une perle vert bleu; Dr=5,5; éclat vitreux; couleur variant du blanc au bleu; trait blanc bleuâtre; la poudre humectée d'eau a le plus souvent une réaction alcaline. — *Lapis lazuli,* fond difficilement au chalumeau en une perle blanche; Dr=5,5; éclat vitreux faible ; trait bleu clair; dégage nettement de l'hydrogène sulfuré avec l'acide chlorhydrique. — *Scolopsite,* fond au chalumeau en bouillonnant et donne une perle verdâtre; Dr=5 ; gris de fumée ou blanc rougeâtre. — *Noséane,* fond seulement sur les arêtes en un verre rempli de bulles; Dr=5,5—6.

Dans une perle de borax saturée d'oxide de cuivre, colorent la flamme en bleu : *Sodalite*, fond au chalumeau en une perle limpide et incolore. — *Eudialyte*, fond au chalumeau en une perle opaque verte.

La masse fondue est magnétique : *Fayalite*, fond au chalumeau en un globule magnétique gris noir, cassant et à éclat métallique; la perle de borax présente la coloration du fer; dans la flamme intérieure, on obtient avec l'étain la perle du cuivre; trait gris verdâtre; déjà magnétique avant la calcination. — *Lièvrite*, fond facilement en un globule magnétique noir de fer; la perle de borax présente la coloration du fer; trait noir.

Wollastonite, fond tranquillement en un verre transparent.

Eukolite, fond très-facilement; après séparation de la silice, la solution chlorhydrique bleuit par l'ébullition avec l'étain en feuilles; la couleur disparaît quand on étend la liqueur; rouge brune.

Wernérite, fond en bouillonnant en une perle spongieuse.

Néphéline, fond sans bouillonner; Dr=5,5; éclat gras ou vitreux; la poudre humectée d'eau a une réaction alcaline.

Humboldtilithe, fond lentement en une perle jaunâtre ou noirâtre.

Tscheffkinite, bouillonne au chalumeau et devient poreuse, de sorte que beaucoup d'échantillons présentent des phénomènes d'incandescence; chauffée plus fort, elle prend une couleur jaune et fond au blanc en une perle noire; trait brun foncé.

Orthite, fond en bouillonnant au chalumeau en un verre noir; donne un peu d'eau dans le tube fermé; couleur variant du brun au noir; trait jaune à gris verdâtre.

2. Infusibles au chalumeau.

a. *Hydratés* :

Thorite $2ThO,SiO^2+2HO$. — Cerite $2CeO,SiO^2+2HO$. — Ecume de mer (Magnésite) $2MgO.3SiO^2+2HO$. — Diaclasite $(MgFe)O,SiO^2+HO$. — Serpentine $3MgO,2SiO^2+2HO$. — Antigorite $4RO,3SiO^2+HO$. — Monradite $4(MgO,SiO^2)+HO$. — Néolithe $3(MgO,SiO^2)+HO$. — Chrysotile $3MgO,2SiO^2+2HO$. — Allophane Al^2O^3,SiO^2+5HO. — Collyrite $2Al^2O^3,SiO^2+10HO$. — Orangite $2ThO,SiO^2+3HO$.

Deviennent rose chair avec la solution de cobalt : *Serpentine*, fond sur les arêtes aigues; noircit et donne de l'eau dans le tube fermé ; Dr=3-4 ; mat ou à éclat gras ; la poudre a une réaction alcaline. — *Diaclasite,* comme la serpentine, mais présente de grandes faces de clivage à éclat nacré ; toutes deux sont magnétiques après la calcination ; devient brune au chalumeau. — *Antigorite,* lorsqu'elle est en lames minces, fond au chalumeau en un liquide jaune brun ; Dr=2, 5. — *Monradite,* un peu plus foncée au chalumeau ; Dr=6 ; éclat vitreux, jaune. — *Néolithe,* Dr=1 ; éclat gras ou soyeux ; grasse au toucher. — *Chrysotile,* devient blanc au chalumeau ; éclat nacré métallique. — *Ecume de mer,* s'agglomère au chalumeau ; absorbe l'eau ; Dr=2 ; très légère.

Se colorent en bleu avec la solution de Cobalt : *Allophane,* colore la flamme en vert ; contient beaucoup d'eau. — *Collyrite,* absorbe l'eau ; devient transparente et éclate ; Dr=1, 5.

Thorite, perd au chalumeau sa couleur noire et jaunit sans fondre ; éclat vitreux ; noir ; trait gris rose.

Cérite, brun d'œillet ; trait gris blanc.

Orangite, prend au chalumeau une coloration passagère brun foncé ; décrépite faiblement et s'écaille ; jaune orange ; trait jaune clair.

b. *Anhydres :*

Gadolinite $2MgO,SiO^2+2YO,SiO^2$. — Gehlenite $3KO,SiO^2 +R^2O^3,SiO^2$. — Péridote $2MgO,SiO^2$. — Boltonite $3MgO, SiO^2$. — Chondrodite $2(MgO,3SiO^2)+MgFl$.

Gadolinite, les variétés vitreuses deviennent incandescentes au chalumeau, puis brillent tout à coup d'une vive lumière et se gonflent ; d'autres variétés, à cassure écailleuse ne présentent pas ce phénomène, mais blanchissent et se gonflent en forme de choufleur ; Dr=6, 5 ; noire, trait vert grisâtre.

Gehlenite, ne se gonfle pas au chalumeau ; Dr=5, 5 ; éclat gras faible ; grise ; trait blanc.

Peridote, inaltérable au chalumeau ; Dr=7 ; éclat vitreux ; jaune verdâtre ; trait blanc ; la poudre a une réaction alcaline.

Chondrodite, devient laiteux au chalumeau ; chauffée fortement dans un tube de verre, elle donne faiblement la réaction de l'acide fluorhydrique ; Dr=6 ; jaune brun ou rougeâtre ; trait blanc.

Boltonite, se comporte de même au chalumeau : Dr=5, 5 ; gris de plomb à jaune.

VII. Solubles dans l'acide chlorhydrique avec résidu de silice non en gelée.

1. Minéraux hydratés :

Apophyllite $4(2CaO,3SiO^2+KO,3SiO^2)+16HO$. — Pectolite $2NaO,3SiO^2+8(CaO,SiO^2)+3HO$. — Okénite $CaO,2SiO^2+2HO$. — Pyrosclérite $3(2MgO,SiO^2)+Al^2O^3,SiO^2+4HO$. — Analcime $NaO,SiO^2+Al^2O^3,3SiO^2+2HO$. — Chonicrite $7RO,SiO^2+2RO,Al^2O^3+6HO$. — Brewsterite $RO,2SiO^2+Al^2O^3,3SiO^2+5HO$. — Stilbite $CaO,3SiO^2+Al^2O^3,3SiO^2+6HO$. — Chabasie $CaO,SiO^2+Al^2O^3,3SiO^2+5HO$. — Prehnite $CaO,SiO^2+Al^2O^3,SiO^2+HO$. — Harmotome $BaO,2SiO^2+Al^2O^3,SiO^2$. — Heulandite $CaO,2SiO^2+Al^2O^3,3SiO^2+5HO$. — Palagonite $(3KO,SiO^2)+2R^2O^3,3SiO^2+9HO$. — Chlorite $2(RO,SiO^2)+2RO,Al^2O^3+3HO$. — Ecume de mer $2MgO,3SiO^2+2HO$. — Gymnite $4MgO,3SiO^2+6HO$. — Serpentine $3MgO,2SiO^2+2HO$. — Néolithe $3(MgO,SiO^2)+HO$. — Mosandrite $(SiO^2.TiO^2.CeO.LaO.HO)$.

Deviennent rose chair avec la solution de cobalt : *Ecume de mer*, s'agglomère au chalumeau, absorbe l'eau; adhère à la lèvre humide; Dr$=2$. — *Gymnite*, se colore au chalumeau en brun foncé; Dr$=2,5$; jaune; transparente. — *Serpentine*, fond sur les arêtes minces; noircit dans le tube fermé; Dr$=3-4$; mate ou à éclat gras. — *Néolithe*, Dr$=1$; éclat gras ou soyeux; grasse au toucher.

Chlorite, s'effeuille au chalumeau et fond sur les arêtes très-minces; la perle de borax présente la coloration du fer; Dr$=1,5$; verdâtre; trait gris verdâtre.

Pas de précipité par l'ammoniaque dans la solution chlorhydrique : *Apophyllite*, se ternit rapidement au chalumeau, se gonfle dans la direction du clivage et fond rapidement en une perle spongieuse; cassante; éclat vitreux et sur quelques faces éclat gras : la poudre humide a d'ordinaire une réaction alcaline. — *Pectolite*, ne donne que peu d'eau, fond en une perle à apparence d'émail; la poudre donne après calcination une gelée avec l'acide chlorhydrique. — *Okénite*, fond en bouillonnant en une masse ressemblant à de la porcelaine; éclat nacré faible; peu attaquable par l'acide chlorhydrique après calcination.

La solution chlorhydrique donne un précipité par l'ammoniaque : *Pyrosclérite*, la perle de borax présente la couleur verte du chrome; fond difficilement en une perle grise; Dr=3. — *Analcime*, fond en une perle transparente remplie de bulles de gaz; Dr=5, 5. — *Chonicrite*, fond avec effervescence; Dr=3. — *Brewstérite*, devient opaque au chalumeau et fond en bouillonnant, mais difficilement; la solution chlorhydrique donne avec l'acide sulfurique un précipité de BaO, SO³. — *Stilbite*, se gonfle au chalumeau et fond en une masse blanche; Dr=3, 5; éclat vitreux et éclat nacré sur les faces de clivage. La poudre a souvent une réaction alcaline. — *Chabasie*, fond facilement en un émail peu transparent, rempli de bulles; Dr=4; éclat vitreux. — *Prehnite*, ne donne que peu d'eau, se gonfle fortement au chalumeau et fond en une perle blanche ou jaunâtre; après forte calcination, se dissout dans l'acide chlorhydrique avec résidu de silice en gelée; Dr=6; éclat vitreux, nacré sur les faces terminales; gris verdâtre. — *Harmotome*, fond tranquillement en une perle transparente incolore; sa solution chlorhydrique donne avec l'acide sufurique un précipité de BaO, SO³; Dr=4, 5; éclat vitreux. — *Heulandite*, fond en bouillonnant et écumant en un émail; Dr=3, 5-4; éclat vitreux, nacré sur les faces de clivage. — *Palagonite*, fond facilement en une perle magnétique brillante; la perle de borax présente la coloration du fer; Dr=4, 5; éclat gras; brune; trait jaune.

2. Minéraux anhydres :

Amphigène $KO,SiO^2+Al^2O^3,3SiO^2$. — Tachylyte $3KO, SiO^2+Al^2O^3,2SiO^2$. — Schorlamite $2(2CaO,TiO^2)+Feo,3SiO^2$. — Wernérite $3RO,SiO^2+2Al^2O^3,3SiO^2$. — Wohlérite $(NbO^2. ZrO^2.SiO^2.CaO.NaO)$. — Labrador $CaO,SiO^2+Al^2O^3,2SiO^2$. — Anorthite $CaO,SiO^2+Al^2O^3SiO^2$. — Grossulaire $3RO,2SiO^2 +R^2O^3,SiO^2$. — Sphène $CaO,2SiO^2+CaO,2TiO^2$. — Knebelite $2FeO,SiO^2+2MnO,SiO^2$. — Keilhauite $(3[CaO,SiO^2]+R^2O^3, SiO^2)+YO,3TiO^2$.

La perle de phosphore présente la réaction du titane : *Keilhauite*, fond en bouillonnant en une scorie noire brillante; Dr=6,5; éclat gras; trait gris brun. — *Sphène*, fond aux arêtes en un émail noirâtre; Dr=5,5; éclat vitreux; trait blanc. — *Schorlamite*, fond très-difficilement sur les arêtes; Dr=7; trait noir grisâtre; la perle de borax présente la coloration du fer.

Amphigène, difficilement soluble dans l'acide chlorhydrique; infusible; Dr$=5,5$.

Tachylite, fond facilement et tranquillement en une perle brillante; la perle de sel de phosphore présente faiblement la coloration du titane.

Wernérite, fond en bouillonnant et produisant des éclairs en une perle blanche remplie de bulles; Dr$=5$; trait gris clair.

Wohlérite, fond en un émail jaune; la solution chlorhydrique, bouillie avec une feuille d'étain devient bleue; jaune de miel.

Labrador, fond en une perle claire et lourde; l'*Anorthite* se comporte de même.

Grossulaire, fond tranquillement; Dr$=7$; trait gris.

Knébélite, infusible; dans la flamme extérieure, la perle de borax présente la coloration violette du manganèse.

VIII. Insolubles dans l'acide chlorhydrique; la perle de phosphore contient un squelette de silice.

1. Fusibles au chalumeau :

Danburite ($CaO,SiO^2.BoO^3$). — Lépidolithe $2LiO,SiO^2+3Al^2O^3,2SiO^2+LiFl$. — Petalite $3RO,2SiO^2+4Al^2O^3,6SiO^2$. Triphane $3LiO,SiO^2+4Al^2O^3,3SiO^2$. — Diallage $(Ca,Mg,Fe)O,SiO^2$. — Diopside $(CaMg)O,SiO^2$. — Augite $(Ca,Mg,Fe)O, \left\{ \begin{array}{l} SiO^2 \\ Al^2O^3 \end{array} \right.$ — Axinite $5RO,SiO^2+4R^2O^3,(SiO^2,BoO^3)$. — Trémolite CaO,SiO^2. — Amphibole. — Sphène $CaO,2TiO^2+CaO,2SiO^2$. — Orthose $KO,3SiO^2+Al^2O^3,3SiO^2$. — Albite. — Zoisite $3CaO,2SiO^2+2R^2O^3,SiO^2$. — Epidote $3(Ca.Mn.Fe)SiO^2+2R^2O^3,SiO^2$. — Grenat $3RO,2SiO^2+R^2O^3,SiO^2$. — Idocrase. — Mica de potasse $KO,3SiO^2+Al^2O^3,SiO^2$. — Achmite $2NaO,3SiO^2+Fe^2O^3,3SiO^2$. — Tourmaline $3RO,2SiO^2+m(R^2O^3,SiO^2)$.

La flamme présente, surtout quand on fond la substance avec du bisulfate de potasse, la coloration du lithium : *Lépidolithe,* fond facilement en bouillonnant en une perle remplie de bulles; réaction de l'acide fluorhydrique; Dr=2,5. — *Pétalite*, fond tranquillement en un émail blanc; Dr=6. — *Triphane*, se gonfle et fond en une perle translucide; Dr=6,5; éclat vitreux, nacré sur les faces de clivage.

La flamme présente la coloration verte de l'acide borique : *Danburite*, fond en une perle translucide à chaud, opaque à froid; éclat vitreux; Dr=7; jaune; trait blanc. — *Axinite*, fond facilement en bouillonnant en une perle vert foncé; Dr=7; éclat vitreux; brun d'oeillet à bleu violet, — *Tourmaline*, fond difficilement et se gonfle; Dr=7,5.

Diallage, fond au chalumeau; clivage très-net suivant h^1; généralement vert clair et opaque.

Diopside, fond en une perle blanche; Dr=6; incolore ou vert bouteille.

Augite, fond en une perle noire; Dr=6; vert foncée à noire, la poudre humide a souvent une réaction alcaline.

Trémolite, fond en bouillonnant en une perle blanche; blanche. — *Amphibole*, de même, mais la perle est verte; la poudre humide a le plus souvent une réaction alcaline.

Sphène, réaction du titane; fond, en se gonflant un peu, en un verre noirâtre.

Orthose, fond tranquillement; clivages nets et à angle droit; *Albite*, clivages nets et obliques.

Zoïsite, fond en se gonflant et bouillonnant en une scorie spongieuse en forme de chou-fleur; après la fusion, donne avec l'acide chlorhydrique de la silice en gelée; grise. — *Epidote*, de même; la scorie est noire ou brune; couleur verte. — *Thulite*, de même; donne la réaction du manganèse avec le borax.

Grenat, fond tranquillement; les acides concentrés l'attaquent un peu; Dr=7. — *Idocrase*, de même, mais fond plus difficilement et en écumant; la poudre humide à une réaction alcaline.

Mica de potasse, perd au chalumeau sa transparence, devient blanc et cassant, et fond ensuite en un émail; donne dans le tube fermé de l'eau acide par suite de la présence d'acide fluorhydrique.

Achmite, fond facilement en une perle noire; donne avec le borax la réaction du fer; est fortement attaqué par les acides; trait jaune gris.

2. Infusibles au chalumeau :

Quartz SiO^2. — Mica magnésien $3MgO,2SiO^2+Al^2O^3,SiO^2$. — Talc $MgO,2SiO^2+HO$. — Hyperstène $(Mg,Fe)O,SiO^2$. — Cordiérite $2(MgO,SiO^2)+2Al^2O^3,3SiO^2$. — Staurotide $4R^2O^3$,

$3SiO^2$. — Emeraude $\genfrac{}{}{0pt}{}{Gl^2O^3}{Al^2O^3}\Big\}3SiO_2$. — Euclase. — Phénakite $Gl^2O^3,3SiO^2$. — Zircone ZrO^2,SiO^2. — Topase $6(Al^2O^3,SiO^2)+$ $AlFl^3+SiFl^2$. — Uwarowite $3RO,2SiO^2+R^2O^3,SiO^2$. — Chlorite $2(RO,SiO^2)+2RO,Al^2O^3+3HO$. — Ripidolite $3(MgO,SiO^2)+2MgO,Al^2O^3+4HO$. — Opale SiO^2+xHO. — Andalousite $8Al^2O^3,9SiO^2$. — Disthène Al^2O^3,SiO^2. — Cimolite $2Al^2O^3,9SiO^2+6HO$. — Lithomarge $2Al^2O^3,3SiO^2+HO$. — Kaolin $Al^2O^3,2SiO^2+2HO$. — Warvicite $3(MgFe)O,TiO^2$. — Pyrophyllite $Al^2O^3,4SiO^2+HO$.

Sont décomposés par l'acide sulfurique concentré : *Mica magnésien*, devient opaque au chalumeau et fond seulement sur les arêtes; donne avec le borax la réaction du fer; $Dr=2,5$; se présente sous forme de feuilles minces, d'écailles ou de tables. La poudre humide a une réaction alcaline. — *Chlorite*, s'effeuille au chalumeau, blanchit ou noircit; dégage de l'eau dépourvue de réaction alcaline. — *Ripidolite*, de même, mais fond un peu plus facilement sur les arêtes.— *Warvicite*, donne avec le borax la coloration du titane; communique à la flamme la coloration du bore, trait brun.

Dureté inférieure à 7 : *Talc*, devient rougeâtre avec la solution cobaltique; s'effeuille au chalumeau; $Dr=1$; gras au toucher; *Bronzite* et *Hyperstène*, éclat métallique sur h^1; brune ou noire; $Dr=6$. — *Andalousite*, se colore en bleu par la solution de cobalt; reconnaissable à ses macles. — *Disthène*, blanchit au chalumeau et devient bleu lorsqu'on le chauffe ensuite avec la solution cobaltique; $Dr=$ presque 7; flexible. — *Cimolite*, donne de l'eau dans le tube bouché; se colore en beau bleu par le sel de cobalt; terreuse. — *Lithomarge*, donne de l'eau dans le tube bouché; belle colloration bleue par la solution de cobalt; devient blanche au chalumeau; $Dr=2,5$; trait blanc jaunâtre; gras au toucher. — *Kaolin*, donne de l'eau dans le tube fermé; devient d'un beau bleu par le sel de cobalt; friable. — *Pyrophyllite*, donne peu d'eau; s'effeuille au chalumeau et se goufle en produisant des serpents blancs; $Dr=1,5$; verdâtre. — *Opale*, chauffée rapidement au chalumeau, s'écaille et devient opaque; donne de l'eau dans le tube bouché; $Dr=5,5-6,5$.

Dureté supérieure à 7 : *Cordiérite*, infiniment peu fusible; trichroïque. — *Staurotide*, infusible: devient plus foncée au chalumeau; donne des perles présentant la réaction du fer; pulvérisée, se décompose en partie par l'acide sulfurique. — *Emeraude*, devient laiteuse au chalumeau, à une très haute

température les arêtes minces s'arrondissent et forment une
scorie incolore spongieuse. — *Euclase*, se gonfle légèrement
au chalumeau puis blanchit et se fond à une très-forte température en un émail blanc. — *Phénakite*, inaltérable au
chalumeau, transparente. — *Zircone*, perd sa couleur au
chalumeau; éclat vitreux; Dr=7,5. — *Topase,* quand elle
est colorée en jaune, elle devient rose au chalumeau, mais
seulement après le refroidissement ; quand on fond sur le fil
de platine de l'acide borique jusqu'à ce que la flamme ne
soit plus verte et qu'on y ajoute alors de la poudre de topaze
la couleur verte reparaît. — *Andalousite*, se colore en bleu
par la solution cobaltique.—*Uwarowite,* devient noire verdâtre
au chalumeau, mais redevient plus claire en refroidissant ;
donne une perle verte avec le borax. — *Quartz*, Dr=7; éclat
vitreux; éclat gras sur les cassures.

IX. Minéraux qui n'appartiennent à aucune des classes précédentes :

Wolframocre WoO³.— Schéelite CaO,WoO³.— Cassitérite
SnO². — Rutile TiO². — Anatase TiO². — Brookite TiO². —
Æschynite (TiO².ZrO².CaO.CeO). — Perowskite CaO,TiO².
—Pyrochlore 2(2RO,NbO²+NaFl. — Xénotime 3YO,PO⁵.—
Spinelle MgO,Al²O³. — Gahnite ZnO,Al²O³. — Diamant. —
Wolfram (Fe,Mn)O,WoO³. — Corindon Al²O³. — Diaspore
Al²O³,HO. — Yttrotantale (TaO².YO.CaO). — Euxénite
(TiO².YO.UO.CeO).— Polymignite (TiO².ZrO.YO.FeO.CeO.)
— Cymophane Gl²O³,3Al²O³. — Polycrase (NbO².TiO²ZrO².
YO.FeO. — Klaprothine 2(3MgO,PO⁵)+4Al²O³,3PO⁵+6HO.
— Niobite (Mn,Fe)O,NbO².—Osmium-Iridifère.— Graphite.

La perle de sel de phosphore présente la réaction du Wolfram : *Wolframocre,* mou; éclat soyeux; jaune; noircit au
chalumeau. — *Schéelite,* fond très-difficilement; pulvérisée
elle est décomposée par l'acide chlorhydrique et il reste une
matière jaune ; Dr=4,5; blanche, jaune ou brune; trait
blanc. — *Wolfram,* fond difficilement en un globule magnétique recouvert de cristaux; se dissout dans l'acide chlorhydrique en laissant un résidu jaune ; la perle de borax

présente la coloration du manganèse ; Dr=5,5 ; trait brun ou noir.

La perle au sel de phosphore présente la réaction du titane : *Anatase,* infusible; Dr=5,5 ; bleu d'indigo ou noir ; trait gris. — *Rutile,* infusible ; Dr=6,5 ; rouge brun ; trait jaune. — *Brookite,* comme l'anatase; cristallise dans le système rhombique. — *Æschynite,* infusible; se gonfle au chalumeau et devient jaune; trait brun jaunâtre. — *Pérowskite,* infusible; trait gris blanc.

Euxénite, infusible; Dr=6,5 ; éclat gras; brun noir; trait rouge brun. — *Polymignite,* infusible; Dr=6,5 ; éclat métallique; noir de fer; trait brun foncé. — *Polycrase,* décrépite, mais est infusible; se change par la calcination en une masse gris brun; est dissoute par l'acide sulfurique.

Cassitérite, donne de petites écailles d'étain quand on la chauffe sur le charbon avec le carbonate de soude; Dr=6,5 ; éclat adamantin; trait brun clair.

Pyroclore, devient gris au chalumeau; la perle de borax est jaune rouge au feu d'oxidation; rouge foncé au feu de réduction; Dr5=,5; trait gris.

Xénotime, infusible; Dr=4,5; transparente éclat gras; brun; trait jaunâtre ou rose chair.

Spinelle, infusible; cristallise en octaèdres réguliers; Dr=8; facilement soluble dans le sel de phosphore.

Gahnite, comme la spinelle, mais ne se dissout presque pas dans le sel de phosphore.

Corindon, infusible et insoluble dans les oxides.

Diaspore, infusible, décrépite violemment dans le tube bouché et se réduit en petites écailles blanches; donne de l'eau un peu au-dessous du rouge; Dr=5,5 ; jaune brun.

Yttrotantale, infusible; donne dans le tube bouché un peu d'eau rendue acide par de l'acide fluorhydrique.

Cymophane, infusible; insoluble dans les acides; Dr=8,5; verdâtre ; transparente.

Klaprothine, infusible ; se décolore au chalumeau ; n'est presque pas attaquée par les acides, qui cependant la dissolvent en majeure partie quand elle a été préalablement calcinée; Dr=5,5; trait blanc.

Niobite, infusible; insoluble dans les acides; Dr=6; éclat métallique; trait brun rouge noir.

Osmium Iridifère, inaltérable au chalumeau; calcinée avec du nitre dans le tube bouché répand l'odeur caratéristique de l'osmium; Dr=7.

Graphite, brule au chalumeau ; Dr=2.

Diamant, Dr=10.

II

TABLES

DÉTERMINER LES MINÉRAUX

PAR LEURS CARACTÈRES PHYSIQUES

SYSTÈM.

MINÉRAUX

ESPÈCES	FORMES ORDINAIRES	CLIVAGE OU CASSURE	ÉCLATA
Fer natif	a^1	Suivant p	Métalliqᵖiⁱ
Cuivre natif	a^1; b^1; p	Cassure fibreuse	Métalliqᵖiⁱ
Argent natif	a^1; b^1; b^2; a^3	Cassure fibreuse	Métalliqᵖiⁱ
Or natif	a^1; p; b^1; a^3; b^2	Cassure fibreuse	Métalliqᵖiⁱ
Platine natif	p; très rare.	Cassure fibreuse	Métalliqᵖiⁱ
Palladium natif	a^1; très-petit et très-rare	Cassure fibreuse	Métalliqᵖiⁱ
Iridium natif	p; a^1	Suivant p très-imparfaitement.	Métalliqᵖiⁱ
Arquerite	a^1; très-petit.		
Amalgame	b^1; a^2; a^1; p; b^1 $b^{\frac{1}{3}}$ $b^{\frac{2}{5}}$; b^6	Suivant b^1 très-imparfait	Métalliqᵖiⁱ

UHULIER

ΓAAT MÉTALLIQUE

IAЯRAIT	DURETÉ	DENSITÉ	CARACTÈRES PARTICULIERS
	4,5	7,5	Magnétique.
jns'ant	2,5—3	8,4—8,9	Couleur cuivreuse caractéristique ; malléable et ductile.
jnslant	2,5—3	10,1—11,0	Blanc d'argent présentant souvent des teintes irisées ; cristaux le plus souvent oblitérés.
jnslant	2,5—3	15.6—19,4	Malléable ; couleur jaune caractéristique.
jnsllant	4—4,5	17—19	
jnsllant	4,5	11,8—12,2	
в	6,5—7	22,4—23,5	Très-rare.
nslilant	1,5—2,5	10,8	Blanc d'argent ; malléable et ductile.
	3—3,5	13,7—14,1	Blanc d'argent ; arêtes souvent arrondies.

Système Régulier

ESPÈCES	FORMES ORDINAIRES	CLIVAGE OU CASSURE	ÉCLAT TA
Platine ferrifère	p très-petit	Cassure fibreuse	Métalliqueonpi
Kupferschwarze	N'est pas ordinaire- ment cristallisé	Cassure terreuse	Métalliqueonpi
Alabandine	a^1; p	Suivant p	Métalliqueonpi
Hauerite	a^1; p; b^1	Suivant p	Métalliqueonp peu accentuinu
Saynite	a^1; p	Suivant a^1	Métalliqueonp
Tombazite	p; a^1	Suivant p	Métalliqueonp
Linnéite	a^1; p ; Macles	Suivant p et a^1 imparfaitement	Métalliqueonp
Galène	p; a^1; b^1; a^2	Suivant p très-complétement	Métalliqueonp
Argyrose	a^1; p; b^1; a^2	Suivant p et b^1 très-imparfaite-ment	Métalliqueonp faible
Pyrite	b; $\frac{1}{2}(b^2)$; $\frac{1}{2}(b^1 \, b^{\frac{1}{3}} \, b^{\frac{2}{9}})$ $\frac{1}{2}(b^1 \, b^{\frac{1}{2}} \, b^{\frac{1}{3}})$	Suivant p	Métalliqueonp
Plomb sélénié	p	Suivant p	Métalliqueonp

Minéraux à éclat Métallique

[AR]RAIT	DURETÉ	DENSITÉ	CARACTÈRES PARTICULIERS
Jnsant	6	14,6—15,8	Magnétique ; gris d'acier foncé.
Jnsant faible-ment	3	5,9	
lsa sale	3,5—4	3,9—4	Légèrement cassante.
roi rougeâtre	4	3,4	
ion noirâtre	4,5	5,1	Cassante ; gris d'acier pâle.
	4,5	6,6	Brun de tombac.
roi foncé	5,5	5,5—6,3	Cassante ; blanc d'étain.
ion noir	2,5	7,4—7,6	Gris de plomb ; tendre.
jnsant	2—2,5	7—7,4	Gris de plomb ; souvent noire ou irisée ; cristaux ordinairement contournés.
	6—6,5	4,9—5,1	Ordinairement jaune, parfois irisée ou brune par suite d'un commencement de transformation en $Fe^2O^3,3HO$; cristaux souvent oblitérés.
	2,5—3	8,2—8,8	

Minéraux à éclat Métallique

ESPÈCES	FORMES ORDINAIRES	CLIVAGE OU CASSURE	ÉCLAT
Smaltine	p; b^1	Suivant p; indication de clivage suivant a^1	Métallique
Cloanthite	p; a^1; b^1	Suivant b; sans netteté	Métallique
Skutterudite	a^1; p; a^2	Suivant p	Métallique
Cobaltine	p; $\frac{1}{2}(b^2)$; a^1	Suivant p	Métallique
Disomose	p; a^1	Suivant p	Métallique
Ullmamite	p; a^1; b^1	Suivant p	Métallique
Franklinite	a^1; b^4	Suivant a^1 imparfaitement	Métallique
Aimant	a^1; b^1; b^2; Macles	Suivant a^1	Métallique
Fer chromé	a^1	Suivant a^1 imparfaitement	Métallique
Phillipsite	p; a^1; a^2	Suivant a^1 imparfaitement	Métallique

Minéraux à éclat Métallique

TTRAIT	DURETÉ	DENSITÉ	CARACTÈRES PARTICULIERS
i ri foncé	5,5	6,4—6,6	Blanc d'étain, parfois irisée ou noire.
i aïs noir	5,5	7,2	Blanc d'étain.
iir	5,5—6	6,7—6,8	Gris de plomb ou irisée.
aïs	5,5	6,1—6,3	Faces inégales ; blanc d'argent rougeâtre.
aïs	5,5	6,1—6,6	Gris de plomb clair.
aïs foncé	5	6,2—6,5	Variant du gris de plomb au gris d'acier.
guuge brun	6—6,5	5	Cristaux arrondis; noire; magnétique.
iir	5,5—6,5	4,9—5,2	Magnétique; poli sur a^1; b^1 généralement strié.
mmun	5,5	4,4—4,5	Parfois magnétique.
iir	3	4,9—5'	Rouge de cuivre; souvent irisée de teintes sombres.

Système Régulier

ESPÈCES	FORMES ORDINAIRES	CLIVAGE OU CASSURE	ÉCLAT
Panabase	$\frac{1}{2}(a^1)$; p; b^1; $\frac{1}{2}(a^2)$	Suivant a^1 imparfaitement	Métalli...
Tennantite	b^1; p; $\frac{1}{2}(a^1)$; $\frac{1}{2}(a^2)$	Suivant a^1 imparfaitement	Métalliqpi.
Stannine	p	Suivant p; sans netteté	Métalliqpi.
Dufrenoysite	b^1; a^2		Métalliqpi.

Minéraux à éclat Métallique

TRAIT	DURETÉ	DENSITÉ	CARACTÈRES PARTICULIERS
... un foncé	3—4	4,5—5,2	Souvent recouverte d'une croûte de pyrite.
... rougeâtre	4	4,3—4,5	Variant du gris d'acier au noir de fer.
...r	4—4,5	4,3—4,5	Cassante.
...ge brun	2—3	4,4	b^1 fortement strié.

SYSTÈM[

MINÉRAUX DÉPOURVIV[

ESPÈCES	FORMES ORDINAIRES	CLIVAGE OU CASSURE	ÉCLAA[
Diamant	a^1; b^1; $b\,\frac{2}{3}$; $a\,\frac{1}{2}$; $b^1\,b^{\frac{1}{3}}\,b^{\frac{1}{2}}$; $\frac{1}{2}(a^1)$; p	Suivant a^1	Adamau[
Arsénite	a^1	Suivant a^1	Vitreu[
Sénarmontite	a^1	Suivant a^1	Vitreu[
Périclase	a^1	Suivant p	Vitreu[
Zigueline	a^1; b^1; p; a^x	Suivant a^1	Adama[à reflet[talliqu[
Fluorine	a^1; p; b^1; b^6; a^2; $b^1\,b^{\frac{1}{2}}\,b^{\frac{1}{4}}$	Suivant a^1	Vitreu[
Salmiac	a^1; a^x	Suivant a^1	Vitreu[
Sel gemme	p	Suivant p	Vitreu[gras [
Kérargyrite	p; a^1	Cassure conchoïde	Gras

…GULIER

…ÉCLAT MÉTALLIQUE

…TRAIT	DURETÉ	DENSITÉ	CARACTÈRES PARTICULIERS
…ou noir	10	3,5—3,6	Arêtes souvent arrondies et faces bombées.
…anc	1,5	3,7	Saveur douce (âtrevénéneuse), blanche, transparente.
…anc	2—2,5	5,2	Blanches; transparente ou translucide.
…anc	6	3,6—3,7	Cristaux très-petits ; transparente ; verte.
…uge brunâtre	3,5—4	5,7—6	Rouge cochenille ; souvent recouverte d'une couche verte de malachite.
…anc	4	3,1	
…anc	1,5—2	1,5	Transparent ; saveur salée, piquante.
…anc	2	2,1—2,3	Transparent ; saveur salée.
…as-brillant	1—1,5	5,5—5,6	Transparente ; brunit à la lumière.

Système Régulier

ESPÈCES	FORMES ORDINAIRES	CLIVAGE OU CASSURE	ÉCLAⱭ
Bromargyrite	a^1; p	Cassure conchoïde écailleuse	Gras
Embolite	p; a^1	Suivant p	Adamamsɾ
Hauerite	a^1; p; b^1; $\frac{1}{4}(b^2)$	Suivant p	Adamamsn
Blende	a^1; b^1; p; $\frac{1}{2}(a^1)$; a^3; $\frac{1}{2}(a^3)$	Suivant b^1	Adamansɪ
Rhodizite	b^1; $\frac{1}{2}(a^1)$		Vitreuxxus
Eulytine	$\frac{1}{2}(a^1)$; $\frac{1}{2}(a^3)$; p	Suivant b^1 imparfaitement	Adamamsɾ
Spinelle	a^1; b^1; a^3. Macles	Suivant a^1	Vitreuxxɪɪ
Gahnite	a^1; b^1	Suivant a^1	Vitreuxxu
Fer chromé	a^1	Suivant a^1 imparfaitement	Gras
Pechurane	a^1	Cassure conchoïde écailleuse	Gras
Kreittonite	a^1	Conchoïde	Vitreuxxɪ

Minéraux dépourvus d'éclat Métallique

ВRAIT	DURETÉ	DENSITÉ	CARACTÈRES PARTICULIERS
âtre et ver·tre	1—2	5,8—6	Sa poudre verdâtre devient grise à la lumière.
dujaune u vert	1,5	5,79	Vert olive ou vert asperge.
brunâtre	4	3,4	
du blanc unâtre au un	3,5—4	3,9—4,2	Cristaux souvent oblitérés.
	8	3,3	Cristaux petits; grise ou blanc jaunâtre; translucide.
jaunâtre	4,5—4	5,9	Cristaux très-petits.
	8	3,5	Rouge, blanc, vert ou noir.
	8	4,3	Opaque; cassure à éclat gras.
	5,5	4,5	Parfois magnétique; noire opaque.
du vert ve au brun	5,5	6,5	Très-rarement cristallisé.
vert	7,5	4,4—4,8	Noir de velours; opaque.

Système Régulier

ESPÈCES	FORMES ORDINAIRES	CLIVAGE OU CASSURE	ÉCLAI
Pyrrhite	a^1		Vitreuxxr
Perowskite	p ; a^1 ; b^1	Suivant p	Adamaris
Pyrochlore	a^1 ; p	Suivant a^1	Vitreuxxr gras a
Alun de Potasse	a^1 ; p ; b^1	Suivant a^1	Vitreux xr
Alun ammoniacal	a^1 ; p	Suivant a^1 peu net	Vitreux xr
Faujasite	a^1 ; Macles	Conchoïde ou on-dulée	Vitreux xr adamaisr
Tritomite	$\frac{1}{4}(a^1)$	Conchoïde	Vitreux xr
Pharmacosidérite	p ; $\frac{1}{2}(a^1)$; b^1	Suivant p, peu net	Adamaris ou gris
Voltaïte	a^1 ; p	Ondulée	Gras
Boracite	p ; $\frac{1}{2}(a^1)$; $\frac{1}{4}(a^3)$	Suivant a^1 impar-faitement	Vitreux xr
Analcime	a^3 ; p	Suivant p impar-faitement	Vitreux xr nacré èr

Minéraux dépourvus d'éclat Métallique

IARAIT	DURETÉ	DENSITÉ	CARACTÈRES PARTICULIERS
	6		Rare.
uslclair	5,5	4,1	
slo clair	5,5	4,2—4,3	
o.	2—2,5	1,7—2	Saveur douceâtre, astringente.
o	2	1,7	
o	7	1,9	Transparente ou translucide.
ısı jaunâtre	5,5	4,1—4,6	La surface est souvent recouverte d'un enduit brun.
slo clair ou onine	2,5	2,9—3	
ıovvert			Noire ; cristaux peu nets.
o	7	3	
o	5,5	2,1—2,2	Cristaux groupés.

Système Régulier

ESPÈCES	FORMES ORDINAIRES	CLIVAGE OU CASSURE	ÉCLA
Amphigène	a^3	Suivant p très-imparfaitement	Vitreuse
Glottalite	a^1 ; p		Vitreuse
Grenat	b^1 ; a^2 ; b^1 b $\frac{1}{3}$ b $\frac{2}{4}$	Suivant b^1 imparfaitement	Vitreuse
Haüyne	b^1 ; p	Suivant b^1	Vitreuse
Lapis lazuli	b^1	Suivant b^1	Vitreuse
Noséane	b^1	Suivant b^1	Vitreuse rapproche de l'é'l gras
Sodalithe	b^1 ; p	Suivant b^1	Vitreuse
Tennantite	b^1 ; p ; $\frac{1}{2}$ (a^1)	Suivant b^1 imparfaitement	Mat
Helvine	$\frac{1}{2}$ (a^1)	Suivant a^1 imparfaitement	Gras e

Minéraux dépourvus d'éclat Métallique

...RAIT	DURETÉ	DENSITÉ	CARACTÈRES PARTICULIERS
onc	5,5—6	2,4—2,5	Cristaux isolés.
onc	3,5	2,1	
	6—7	3,5—4,2	Cristaux souvent oblitérés.
onc bleuâtre	5,5	2,4—2,5	Blanche ou bleue.
	5,5	2,3—2,5	Bleue.
onc	5,5—6	2,2	Grise ou brun noirâtre.
onc	5—6	2,3—2,4	
or rougeâtre	4	4,3—4,5	Faces de la forme primitive striées.
g oc grisâtre	6—6,5	3,1—3,3	Jaune de cire ou vert serin.

SYSTÈ...

(Les angles indiqués à gauche sont les angles aux arètes de b¹ ...

MINÉRAUX ...

ESPÈCES	FORMES ORDINAIRES	ANGLES	CLIVA... OU CASS...
Rutile	m; h^1; b^1; a^1 h^2	80°40'—123°8'	Suivant m...
Braunite	b^1; p; $a_{\frac{1}{2}}$	108°39'—109°53'	Suivant b^1...
Chalkopyrite	b^1; $\frac{1}{2}(b^1)$; $a\frac{1}{2}$	108°40'—109°53'	Suivant a...
Hausmannite	b^1; b^s	117°54'—105°25'	Suivant p ii ... faitement... que suiv... et a^1
Fergusonite	b^1; m	128°28'—100°28'	Suivant b... net.
Elasmose	m; h^1; p; b^1	137°52'—97°26'	Suivant p ...

IORATIQUE

i ;se; les angles indiqués à droite sont ceux des arètes culminantes.)

TT MÉTALLIQUE

TÀT	TRAIT	DURETÉ	DENSITÉ	CARACTÈRES PARTICULIERS
itantin supque	Brun jaune	6—6,5	2,4—4,3	Faces des prismes striées; souvent en aiguilles; couleur variant du rouge au brun.
upique	Noir	6—6,5	4,8—4,9	Cristaux petits et brillants.
upique	Noir verdâtre	3,5—4	4,1—4,3	Cristaux oblitérés; macles; jaune laiton; souvent irisée.
upique	Brun	5—5,5	4,7—4,8	Toujours octaèdrique; striée sur b^1; les autres faces d'octaèdres lisses.
upique	Brun clair	5,5—6	5,8—5,9	
upique	Brillant	1—1,5	6,8—7,2	En écailles minces; gris bleu.

SYSTÈM.

MINÉRAUX DÉPOURV...

ESPÈCES	EORMES ORDINAIRES	ANGLES	CLIVAG... OU CASSU...
Wernérite	m; b^1; h^1; p	63°48'—136°11'	Suivant h^1 e...
Humboldtithe	m; h^1; p; b^1	65°30'—135°	Suivant p
Idocrase	m; h^1; b^1 p; a^1	74°14'—129'29'	Suivant m et... imparfaite...
Malacone	m; h^1; b^1	82°—124°57'	Conchoïde
Xénotime	b^1	82°—124°	Suivant m
Zircone	b^1; m; h^1; $b\frac{1}{3}$; $(b\frac{1}{2}\ b\frac{1}{4}\ h^1)$	82°20'—123°19'	Suivaut b^1 e... imparfaite...
Oerstedtite	b^1; m; h^1	84°25'—123°16'	
Rutile	m; h^1; b^1; a^1; h^2	84°40'—123°8'	Suivant m et...
Cassitérite	m; b^1; h^1; a^1.Macles	87°8'—121°40'	Suivant m et... imparfaite...

D..DRATIQUE

ÉCLAT MÉTALLIQUE

ÉCLAT	TRAIT	DURETÉ	DENSITÉ	CARACTÈRES PARTICULIERS
	Blanc	5—5,5	2,6—2,7	m et h^1 généralement striées verticalement.
	Blanc jaunâtre	5—5,5	2,9	Couleur variant du jaune au brun.
	Blanc	6,5	3,3—3,4	Faces latérales fortement striées; cristaux très-réguliers.
	Blanc	6	3,9	Cassure à éclat gras.
	Rose chair	4,5	4,3—4,5	Petit et très-rare; brunâtre
	Blanc	7,5	4,4 4,7	Rouge ou brun; rarement vert.
		5,5	3,6	Analogue au zircone; rare.
	Jaune brun	6—6,5	4,2—4,3	Prismes striés verticalement; souvent en aiguilles; rouge ou brun.
	Gris	6—7	6,8—7	De courtes aiguilles ou des pyramides.

Système Quadratique

ESPÈCES	FORMES ORDINAIRES	ANGLES	CLIVAGE OU CASSURE
Edingtonite	m; b^1	87°9'	Suivant m
Gismondine	b^1; h^1	92°30'—118°30'	Suivant b^1 imi parfaitememe.
Sarcolithe	b^1; h^1; p	102°54'—112°52'	Conchoïde
Lœweite	b^1	105°2'—111°44'	Suivant p
Roméine	b^1	110°50'—106°46'	
Scheélite	h^1; $a\frac{1}{2}$; p; $\frac{1}{2}(b\frac{1}{3} b\frac{1}{4} h\frac{2}{5})$ $\frac{1}{2}(b^1 b\frac{1}{3} h\frac{5}{4})$	112°2'—108°12'	Suivant $a\frac{1}{2}$, moins net suivant p
Cérasine	h^1; p; m	113°48'—97°21'	Suivant m et p
Apophyllite	b^1; h^1; p	121°4,—104°	Suivant p; suivant h^1 imi parfaitememe.
Schéelitine	$b\frac{1}{2}$; m	131°25'—99°45'	Suivant b^1 imi parfaitememe.
Mélinose	b^1; m; p; b^3	131°35'—99°40'	Suivant b^1
Calomel	h^1; b^1; m	135°50'—98°8'	Suivant h^1

Minéraux dépourvus d'éclat métallique

...ÉCLAT	TRAIT	DURETÉ	DENSITÉ	CARACTÈRES PARTICULIERS
...treux	Blanc	4—4,5	2,7	Cristaux présentant souvent l'hemiédrie sphénoedrique.
...treux	Blanc	5—5,5	2,2	
...treux	Blanc	5,5—6	2,5	Formes parfois hemiédriques.
...treux	Blanc	2,5—3	2,3	Saveur salée et astringente.
		6,5—7	4,6—4,7	Cristaux très-petits; hyacinthe ou jaune miel.
...gras	Blanc	4,5	6,—6,2	Cristaux en pyramides ou tables; grise, jaune, brune; phosphorescente par la chaleur.
...amantin	Blanc	2,5—3	6,6	Cristaux petits, transparents ou translucides.
...treux	Blanc	4,5—5	2,3—2,5	Eclat nacré sur p.
...gras	Gris clair	3	7,9—8,1	Cristaux petits; mamelonnée ou ondulée.
...gras ou adamantin	Blanc	3	6,6—6,8	Jaune miel ou jaune cire.
...amantin	Blanc	1—2	6,4—6,5	Gris.

Système Quadratique

ESPÈCES	FORMES ORDINAIRES	ANGLES	CLIVAGA OU CASSIA
Matlokite	b^1; p; a^1	136°19'—97°58'	Suivant p,q netteté e
Uranite	b^1; p; m	136°30'—97°54'	Suivant p q
Anatase	b^1; p; b^5; h^1; a^1	136°46'—97°51'	Suivant p q
Azorite	b^1	123°15'	
Orangite	b^1		Conchoïde el
Gehlenite	m		Suivant p q
Tachyaphaltite	b^1; m; h^1	110°	Imparfaite conchoïdio

Minéraux dépourvus d'éclat métallique

ÉCLAT	TRAIT	DURETÉ	DENSITÉ	CARACTÈRES PARTICULIERS
diamantin		2,5—3	7,2	Transparente ou translucide; jaunâtre.
cireux		1,5—2,5	3—3,6	Cristaux généralement en tables; jaune de soufre ou verts.
diamantin	Gris	5,5—6	3,8—3,9	Cristaux en pyramides, rarement en table; p uni; b^1 strié horizontalement.
cireux		4,—4,5		Petit; très-rare.
cireux	Jaune clair	4,5	5,3	Rare; jaune orangé; translucide.
	Blanc	5,5—6	2,9—3,1	Gris ou verdâtre.
	Jaunâtre	5,5	3,6	Cassure à éclat métallique; rouge brun.

6.

SYSTÈMM

(Dans ce système, les angles indiqués sont : pour les prismes, les an z

les angles

MINÉRAUXX

ESPÈCES	FORMES ORDINAIRES	ANGLES	CLIVAOA OU CASSUЗа
Bismuthine	m; g^1; h^1; g^3; p	$m = 91°31'$	Suivant g^1;¹ quefois sua h^1
Polianite	m; p; h^1; e^1	$m = 92°52'$	Suivant m
Bournonite	m; p; g^1; h^1	$m = 93°40'$	Suivant g parfaiterst
Pyrolusite	m; h^1; e^1; g^1; p	$m = 93°40'$	Suivant m
Enargite	m; p; h^1; g^1	$m = 97°53'$	Suivant m, h,
Acerdèse	m; p; g^3; a^1	$m = 99°40'$	Suivant g^{11}
Columbite	h^1; g^1; p; m; $e^{\frac{1}{2}}$	$m = 100°40'$	Suivant b^{11}

ITHORHOMBIQUE

...elles arêtes verticales; pour les pyramides, les angles à la base, puis ...es culminantes.

AAT MÉTALLIQUE

AJLAT	TRAIT	DURETÉ	DENSITÉ	CARACTÈRES PARTICULIERS
illaallique	Brillant	2—2,5	6,5	Grise ; parfois jaune laiton ou irisée.
illaallique	Gris	6,5	4,8	Gris d'acier pâle.
illaallique	Gris foncé	2,5—3	5,7—5,8	Gris d'acier à noir de fer.
illaallique	Noir	2—2,5	4,5—4,9	Tachant parfois.
illaallique	Noir	3	4,3	Cassante, noir de fer.
illaallique	Brun	3,5—1	4,3—4,4	m strié verticalement.
illaallique	Noir	6	5,3—6,4	En tables épaisses, ou en larges prismes, brunâtre ou noire.

Système Orthorhombique

ESPÈCES	FORMES ORDINAIRES	ANGLES	CLIVAGE OU CASSURE
Jamesonite	m; g^1; p	$m=101°45'$	Suivant p
Wolfram	m; h^1; a^2; e^1; h^3 Macles	$m=101°45'$	Suivant h^1
Marcassite	e^2; m; p; e^3; a^1	$m=106°5'$	Peu net suiv.
Sylvanite	m; h^1; g^1; p; b^1	$m=110°48'$	Suivant h^1
Mispickel	m; c^4. Macles	$m=111°12'$	Suivant m
Liévrite	m; b^1; a^1	$m=111°12'$	Conchoïde et
Glaukodote	m; c^4	$m=112°36'$	Suivant p q net suiv vi
Psathurose	m; p; g^1; $e \frac{1}{2}$	$m=115°39'$	Suivant e s imparfaite ti
Céruse	b^1; $e\frac{4}{3}$; m. Macles	$m=117°14'$	Suivant m
Chalkosine	h^1; g^1; p; b^3	$m=119°35'$	Suivant m parfaite ti
Stroméyérine	m; g^1; p; b^4	$m=119°35'$	Ondulée e

Minéraux à éclat métallique

ÉCLAT	TRAIT	DURETÉ	DENSITÉ	CARACTÈRES PARTICULIERS
...tallique	Brillant	2,5	5,5 – 5,7	En longues aiguilles.
...mantin métallique	Noir	5 - 5,5	7,1 – 7,5	En prismes courts plus rarement en tables ; aspect clinorhombique. b^1 et a^2 n'ayant que la moitié de leurs faces.
...tallique	Vert gris	6 – 6,5	4,6 – 4,8	p et e^1 striés horizontalement. Macles et groupements par quatre ; jaune ou verdâtre.
...tallique	Brillant	1,5 – 2	7,9 – 8,3	Gris d'acier, blanc d'étain ; jaune pâle.
...tallique	Noir	5,5 – 6	6 – 6,2	Cristaux en tables ou en prismes larges, e^4 fortement strié ; blanc d'argent, jaunâtre ou irisé.
...tallique	Noir	5,5 – 6	3,8 – 4,1	Noire ou brune ; m fortement strié.
...tallique	Gris noir	5	5,9 – 6	
...tallique	Brillant	2 – 2,5	6,2 – 6,3	Noir de fer.
...tallique	Blanc	3,5	6,4	Grise ou noire.
...tallique	Noir	2,5 – 3	5,7 – 5,7	Tables ou prismes courts ; p strié ; gris d'acier, souvent nuancée de bleu.
...tallique	Noir	2,5 – 3	6,2	Gris de plomb foncé.

Système Orthorhombique

ESPÈCES	FORMES ORDINAIRES	ANGLES	CLIVAGE OU CASSURE
Géokronite	m; h^1	$m=119°44'$	Suivant m
Discrase	m; g^1; p	$m=120°$	Suivant p;; vant m imri faitemenus
Zinkenite	m; a^1. Groupements par 3	$m=120°39'$	Suivant m su faitemenus
Yttrotantalite	m; g^1; p	$m=121°48'$	Conchoïde e
Leucopyrite	m; a^1	$m=122°26'$	Suivant p;; vant e^1 parfaitenne
Tantalite	g^1; h^1; m	$m=122°45'$	Conchoïde o
Rammelsbergite	m; e^1	$m=123°3'$	Ondulée
Æschynite	m; $e^{\frac{1}{2}}$	$m=128°6'$	Un peu conclon
Dimagnetite	m; p	$m=130°$	Suivant m su
Wolfsbergite	k^1; m	$m=135°12'$	Suivant g^1; vant p iri faitemenser
Polycrase	m; g^1; b^1	$m=140°$	Conchoïde eb

Minéraux à éclat Métallique

ÉCLAT	TRAIT	DURETÉ	DENSITÉ	CARACTÈRES PARTICULIERS
illsallique	Nul	2—3	5,8	Gris de plomb clair.
illsallique	Brillant	3,5	9,4—9,8	Blanc d'argent, souvent jaune ou noir.
illsallique	Brillant	3—3,5	5,3	Gris d'acier; m fortement strié.
illsallique	Gris	5,5	5,3—5,8	Rare; cristaux sans netteté; brun noir.
illsallique	Gris foncé	5—5,5	7—7,2	Blanc d'argent ou gris d'acier.
m s métal-loupque	Brun	6—7,5	7—8	Noir de fer.
illsallique	Nul	5,5	7,1—7,2	Blanc d'étain.
illsallique mesement) slla cas-	Jaune brun	5,5	5,1—5,2	Très-rare; noire ou brune.
illsallique	Brillant	5,5	5,7	
illsallique	Noir	3,5	4,7	En tables, grise ou noire.
illsallique	Gris brun	5—6	5,1	Tables formées par g^1; noire.

Système Orthorhombique

ESPÈCES	FORMES ORDINAIRES	ANGLES	CLIVAGE OU CASSURE
Polymignite	$h^1; g^1; b^1; m$	$b^1 = 80^\circ 16' - 136^\circ 28$	Conchoïde sl
Arsénomélane	$p; h^1; g^1; b^1$	$b^1 = 105^\circ 3'$ $91^\circ 22' - 135^\circ 46'$	Suivant p, φ
Stibine	$m; b^1; g^1; (b^1 \, b \frac{1}{3} g^1)$	$b^1 = 110^\circ 58'$ $109^\circ 16' - 108^\circ 10'$	Suivant $g^{1 \cdot 1} \varphi$
Sternbergite	$b^1; p$	$b^1 = 128^\circ 49'$ $118^\circ - 84^\circ 28$	Suivant p, φ
Dufrénoysite	$p; h^1; g^1; b^1$	$p = 131^\circ 50'$ $96^\circ 31' - 102^\circ 41'$	Suivant p, φ

Minéraux à éclat Métallique

ÉCLAT	TRAIT	DURETÉ	DENSITÉ	CARACTÈRES PARTICULIERS
...llique	Brun	6,5	4,7—4,8	Rare; cristaux petits; noir de fer.
...llique	Rouge brun	3	5,3	Dans la dolomie blanche de Binnenthal.
...llique	Nul	2	4,6—4,7	En longs prismes; m fortement strié; b ½ souvent arrondi; gris de plomb ou irisée.
...llique	Noir	1—1,5	4,2	Brun nuancé souvent de bleu violet.
...llique	Rouge brun	3	5,5	Tables rectangulaires épaisses; fragile et cassante dans la dolomie blanche; de Binnenthal.

SYSTÈ

MINÉRAUX DÉPOURV

ESPÈCES	FORMES ORDINAIRES	ANGLES	CLIVA OU CASS
Epsomite	m; b^1; $\frac{1}{2}(b^1)$	$m=90°38'$	Suivant g
Thomsonite	h^1; g^1; m; p	$m=90°40'$	Suivant g^1
Goslarite	m; b^1; g^1	$m=90°42'$	Suivant g
Andalousite	m; p; a^1	$m=90°44'$	Suivant m
Mésotype	m; b^1	$m=91°$	Suivant m
Chiastolithe	m	$m=91°50'$	Ondulée
Libéthénite	m; e^1; b^1	$m=92°20'$	Suivant g^1 imparfaite
Olivénite	m; e^1; h^1	$m=92°30'$	Suivant m imparfaite
Calédonite	m; g^1; p	$m=95°$	Suivant m parfaite

ITHORHOMBIQUE

ÉCLAT MÉTALLIQUE

ÉCLAT	TRAIT	DURETÉ	DENSITÉ	CARACTÈRES PARTICULIERS
vitreux	Blanc	2—2,5	1,7—1,8	Saveur saline et amère.
vitreux	Blanc	5—5,5	2,3	D'ordinaire striée verticalement.
vitreux	Blanc	2—2,5	1,9—2,1	Saveur astringente ; rarement cristallisée.
gras	Blanc	7,5	3,1—3,2	Ordinairement recouverte de mica.
vitreux	Blanc	5—5,5	2,1—2,2	Souvent en aiguilles; m strié.
vitreux ou lamMat	Gris	5—5,5	2,9—3,1	Dans le schiste noirâtre qui, interposé en lames minces dans les cristaux, forme les figures qui distinguent ce minéral.
gras	Jaune verdâtre	4	3,6—3,8	Cristaux petits. Olive ou vert noirâtre.
vitreux, mat e ou soyeux	Vert ou brun	3	4.2—4,6	Cristaux petits et souvent oblitérés.
gras	Blanc verdâtre	2,5—3	6,4	Longs prismes striés ; vert foncé.

Système Orthorhombique

ESPÈCES	FORMES ORDINAIRES	ANGLES	CLIVAGA OU CASSUE
Prehnite	p; m; g^1	$m=99°56'$	Suivant p; q peu net h
Haidingerite	m; h^1; g^1; e^1; a^1	$m=100°$	Suivant g^1 q
Karsténite	m; e^1; p; g^1; h^1	$m=100°30'$	Suivant p; t; q
Orpiment	h^8; a^1; g^1	$m=100°40'$	Suivant g^1 q
Columbite	h^1; g^1; p; m; $e\frac{1}{2}$	$m=100°40'$	Suivant h^{1-1}
Hopéïte	g^1; h^1; m; b^1; a^1	$m=101°21'$	Suivant h^1
Barytine	m; p; a^m; e^1	$m=101°40'$	Suivant m
Wolfram	m; h^1; b^2; g^1; h^3; $(b^1$ b $\frac{1}{3}h^1)$	$m=101°45'$	Suivant g^1 q
Mendipite	m	$m=102°36'$	Suivant m
Anglésite	m; a^2; p; g^1	$m=103°43'$	Suivant m
Smithsonite	g^1; m; p	$m=100°53'$	Suivant m

Minéraux dépourvus d'éclat métallique

ÉCLAT	TRAIT	DURETÉ	DENSITÉ	CARACTÈRES PARTICULIERS
xueux	Blanc	6—7	28,—3	Éclat nacré sur p ; m strié horizontalement.
xueux	Blanc	2—2,7	2,8	
xueux	Blanc grisâtre	3—3,5	2,7—2,8	
	Nul	1,5—2	3,4—3,5	Citron ou orange.
semmantin ills.allique	Noir	6	5,3—6,5	En larges prismes ; brun foncé ou noir de fer.
é'é	Blanc	2—5,3	2,7	Grisâtre.
xueux ou as'as	Blanc	3—3,5	4,3—4,5	En prismes ou tables formées par a^3
smmantin	Noir	5—5,5	7,1—7,5	D'apparence clinorhombique par suite d'hémièdries ; brun noir.
smmantin	Blanc	2—5,3	7	Jaunâtre, rares.
smmantin	Gris clair	3	6,2—6,4	Très-cassante.
xueux	Blanc	5	3—3,5	Tables formées par la prédominance de g^1 ; souvent héminorphe quand les 2 extrémités sont bien formées.

Système Orthorombique

ESPÈCES	FORMES ORDINAIRES	ANGLES	CLIVA... OU CASS...
Célestine	e^1; m; p; e^2	$m=104°2'$	Suivant m
Brochantite	m; g^1; e^1; a^1	$m=104°10'$	Suivant g^1
Kœnigite	m; p; h^1	$m=105°$	Suivant b
Amblygonite	m	$m=106°10'$	Suivant m
Mascagnine	m; g^1; b^1	$m=107°40'$	Suivant h
Thermonatrite	g^1; g^2; e^1	$m=107°50'$	Suivant g^1
Liévrite	m; b^1; a^1; g^3	$m=111°12'$	Conchoïde...
Karpholithe	m; h^1; g^1; p	$m=111°27'$	
Atakamite	m; e^1; g^1	$m=112°45'$	Suivant g
Polyhallite	h^1; m; p	$m=115°$	Suivant m
Arragonite	m; g^1; e^1; b^1.Macles	$m=116°10'$	Suivant g

Minéraux dépourvus d'éclat Métallique

TA..AT	TRAIT	DURETÉ	DENSITÉ	CARACTÈRES PARTICULIERS
xɪ.ux	Blanc	3—3,5	3,8—3,5	
xʊux	Vert	3,5	3,7—3,9	Vert émeraude ou vert noirâtre.
xʊux	Vert émeraude	1,5—2		Verte.
xʊux	Blanc	6	3,1	Blanc verdâtre ; cristaux sans netteté.
xʊ·ux	Nul	2—2,5	1,7	Saveur piquante et amère.
xʊ·ux	Blanc	1,5—4	1,6	Rarement cristallisée ; saveur alcaline.
	Noir	5,5—6	3,8—4,1	Striée verticalement ; brun noire.
ᾧ	Blanc	5	2,9	Jaune paille ; cristaux très-petits, filiformes.
xʊ·ux	Vert pomme	3—3,5	4—4,3	Verte ; cristaux rares.
ᾧ	Blanc rougeâtre	3,5	2,7	Translucide ; rougeâtre ou grise ; cristaux rares.
xɪ·ux	Blanc	3,5 - 4	2,9—3	Macles par 3 et par 4.

Système Orthorombique

ESPÈCES	FORMES ORDINAIRES	ANGLES	CLIVAGA' OU CASSISS
Géruse	m; b^1; $e\frac{1}{2}$; g^1. Macles	$m=117°13'$	Suivant m-sv
Strontianite	m; g^1; p; b^1	$m=117°19'$	Suivant m-sv
Euchroïte	m; g^3; p; e^1	$m=117°20'$	Suivant m;sv vant e^1 iii ^{1}sv faitemensv
Withérite	m; g^1; $e\frac{1}{2}$	$m=118°30'$	Suivant m sv
Fischérite	m; g^1; p	$m=118°32'$	Cassant
Cotunnite	m; a^1	$m=118°38'$	
Alstonite	b^1; $e\frac{1}{2}$; m	$m=118°50'$	Suivant m sv
Salpêtre	m; g^1; b^1; $e\frac{1}{2}$	$m=119°$	Suivant g^{lr} sans netlsv
Dichroïte	m; g^1; p; $e\frac{1}{2}$	$m=119°10'$	Suivant $h^{1'1}$
Lirokonite	m; a^1	$m=119°20'$	Suivant m sv parfaitensv
Leadhillite	m; p; g^1; b^1	$m=120°20'$	Suivant p sv

Minéraux dépourvus d'éclat Métallique

ÉCLAT	TRAIT	DURETÉ	DENSITÉ	CARACTÈRES PARTICULIERS
amamantin	Blanc	3,5	6,4	Ordinairement blanche ou grise.
ueireux	Blanc	3,5	3,6—3,7	Cassure à éclat gras.
ueireux	Vert	3,5—4	3,3—3,4	Cassante ; verte ; m strié.
uaireux	Blanc	3—3,5	4,2—4,3	Cristaux rares ; cassure à éclat gras.
ieireux	Blanchâtre	5	2,4	Verdâtre ; rare.
nallamantin	Blanc	1,5	5,2	Généralement en aiguilles ; transparente, blanche ou incolore.
aras	Blanc gris	4—4,5	3,6—3,7	Rare ; ressemblant d'ordinaire à une pyramide hexagonale.
ieixreux	Blanc	2	1,9—2	Saveur fraîche et salée.
eittreux	Blanc	7—7,5	2,5—2,7	Cassure à éclat gras ; trichroïsme ; bleu sur p ; grise sur h^1 ; jaunâtre sur g^1.
aras	Vert clair	2—2,5	2,8—3	Faces latérales striées ; bleu ciel ou vert.
aras, adamantin ou nacré	Blanc	2,5	6,2—6,4	Rare ; en tables.

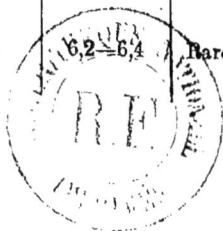

7.

Système Orthorhombique

ESPÈCES	FORMES ORDINAIRES	ANGLES	CLIVAGE OU CASSURES
Arcanite	m; g^1; p	$m=120°24'$	Suivant p parfaitement
Okénite	m; g^1; p	$m=122°19'$	
Topase	m; g^3; b^1; $e\frac{1}{2}$; p	$m=124°19'$	Suivant p
Thénardite	m; b^1; p	$m=125°$	Suivant p et a
Wavellite	m; g^1; a^1	$m=126°25'$	Suivant m et a
Péganite	m; p; g^1	$m=127°$	
Aeschynite	m; $e\frac{1}{2}$; p; g^1	$m=127°19'$	Suivant h^1
Staurotide	m; g^1; p; h^1	$m=129°26'$	Suivant g^1
Diaspore	h^1; m; g^3; p	$m=129°47'$	Suivant g^1
Péridote	h^3 m; a^1; b^1; p; $e\frac{1}{2}$; g^3	$m=130°2'$	Suivant g^1
Gœthite	m; g^1; e^1; h^1	$m=130°40'$	Suivant g^1

Minéraux dépourvus d'éclat métallique

IO2ÉCLAT	TRAIT	DURETÉ	DENSITÉ	CARACTÈRES PARTICULIERS
rdi itreux	Blanc	2,5—3	1,7	Saveur salée amère.
ioʙ̈acré	Blanc	4,5—5	2,2	En aiguilles ; blanchâtre.
rdïïitreux	Blanc	8	3,4—3,6	Electrique par la chaleur ; p et c^1 unis ; les prismes striés ; jaune ou blanche.
rdïVitreux	Blanc	2,5	2,7	Limpide, s'effleurit à l'air.
rdïVitreux	Blanc	3,5—4	2,2—2,4	
rdiVitreux	Blanc	3—4	2,2—2,4	Rare.
ɛrdɨras	Jaune brun	5,5	5,1—5,2	Rare ; cassure à éclat gras ; brun noirâtre.
rdiVitreux	Blanchâtre	7—7,5	3,5	Macles dont les axes principaux se coupent à angle droit, ou sous un angle d'environ 60°.
ɔʙWacré ou ᵥ vitreux	Blanc	6	3,3—3,4	Jaunâtre.
rdiWitreux	Blanc	6,5—7	3,3—3,5	Jaune verdâtre.
bＡＡdamantin	Jaune brun	4,5—5,5	3,8—4,2	Brun rougeâtre.

Système Orthorhombique

ESPÈCES	FORMES ORDINAIRES	ANGLES	CLIVAGE OU CASSURE
Epistilbite	m; a^1; e^1	$m=135°10'$	Suivant g^1
Mengite	m; g^1; g^3; b^1	$m=136°20'$	Rugueuse
Valentinite	g^1; m; e^1	$m=136°58'$	Suivant m
Talc	écailles orthorhombiques		Suivant p
Christianite	g^1; h^1; b^1; macles	$b^1=90$ $120°42'-119°18'$	Suivant g^1
Harmotome	g^1; h^1; b^1; macles	$b^1=91°6'$ $121°6'-119°4'$	Suivant h^1
Tantalite	h^1; h^1; b^1; macles	$b^1=91°42'$ $126°-112°30'$	Conchoïde
Brookite	g^1; b^1; g^3	$b^1=94°44'$ $136°47'-101°37'$	Suivant g^1
Arkansite	comme la Brookite	Comme le Brookite	Suivant g^1
Stilbite	g^1; h^1; b^1; p	$b^1=96°$ $119°16'-114°$	Suivant g^1; quefois suivant h^1
Childrénite	b^1; $e\frac{1}{2}$; g^1	$b^1=97°52'$ $130°4'-102°41'$	Suivant b^1

Minéraux dépourvus d'éclat Métallique

TAAT	TRAIT	DURETÉ	DENSITÉ	CARACTÈRES PARTICULIERS
x.ιx	Blanc	3,5—4	2,2—2,3	Faces de clivage nacrées.
x ιx	Brun	5—5,5	5,4	Noir de fer ; cristaux petits et sans netteté.
aзнantin	Blanc	2,5—3	5,5 – 6	Eclat nacré sur g^1 ; blanche ou grise.
o ou ɛs	Blanc	1;1—5	2,5—2,7	Gras au toucher.
xιιx	Blanc	4,5	2,1—2,2	Cristaux petits, transparents, blancs.
xιιx	Blanc	4,5	2,4	
ιsɔantin ггgras	Brun	6—6,5	7—8	Noir de fer.
ιsɔantin	Blanc	5,5—6	4,1	Brune, en tables verticales.
ιsɔantin	Blanc	5,5—6	3,8—3,9	Noir de fer ; en pyramides
xιɪx	Blanc	3,5—4	2,1—2,2	Eclat nacré sur g^1 ; groupements en faisceaux.
xɪɪɪx	Jaunâtre	5	2,2	Cristaux petits, jaunes ou bruns.

Système Orthorhombique

ESPÈCES	FORMES ORDINAIRES	ANGLES	CLIVVI OU CASA?
Herdérite	b^1; g^5; c^1	$b^1=102°38'$ 141°16'—77°20'	Conchoïod
Cymophane	h^1; g^1; e^1; b^1; g^9; $(b^1 \; b^{\frac{1}{3}} g^1)$	$b^1=107°29'$ 139°53'—86°16'	Suivant la parfait
Scorodite	b^1; h^1; g^1; h^9	$b^1=110°58'$ 114°34'—103°5'	Suivant la
Soufre	b^1; p; b^9; m; h^1; e^1	$b^1=143°17'$ 106°38'—84°58'	Suivant la imparfis
Fluellite	b^1; p	$b^1=144°$ 109°6'—82°12'	
Humite	p; b^1; b^9	$b^1=146°40'$ 131°34'—54°28'	
Euxénite	m; b^1; a^1	Angles culminants obtus de 152°	Conchoïodo

Minéraux dépourvus d'éclat Métallique

T..T	TRAIT	DURETÉ	DENSITÉ	CARACTÈRES PARTICULIERS
	Blanc	5	2,9	
℈	Blanc	8,5	3,6—3,8	Reflet bleu sur g^1 et e^1; trichroïsme.
℈	Blanc verdâtre	3,5—4	3,1—3,3	Cristaux petits d'ordinaire, verts ou brunâtres.
ı	Blanchâtre	1,5—2,5	1,9—2,1	Très-cassante; jaune.
℈x	Blanc			Très-rare.
ıǝɹɟxǝux	Blanc			
	Rouge brun	6,5	4,6	Brun noir; rare.

SYST[

MINÉRAUX X

ESPÈCES	FORMES ORDINAIRES	ANGLES	CLIVAV OU CAS[
Miargyrite	m; p; h^1	$m=89\text{o}38'$	Conchoïdo nette e
Freieslébénite	m; e^1; macles	$m=99\text{o}8'$	Suivant t
Plagionite	p; $d\frac{1}{2}$; d^1; h^1	$m=0\ 7\text{o}32'$	Suivant t

MINÉRAUX DÉPOUR[

Lunnite	h^8; b^1; p; h^1	$m=38\text{o}56'$	Suivant t parfai[
Trona	p; h^1; m	$m=47\text{o}30'$	Suivant t
Aphanèse	m; o^1; $a\frac{3}{4}$	$m=56\text{o}$	Suivant t
Huraulite	m; a^1; p; b^1	$m=61\text{o}$	Conchoïod

ИNORHOMBIQUE

'A AT MÉTALLIQUE

AJULAT	TRAIT	DURETÉ	DENSITÉ	CARACTÈRES PARTICULIERS
ills allique	Rouge cerise	2,5	5,3—5,4	Gris de plomb passant au noir de fer.
ills allique	Nul	2—2,5	6—6,4	Gris de plomb ou d'acier.
ills allique	Nul	2,5	5,4	Gris de plomb.

)ÉCLAT MÉTALLIQUE

	TRAIT	DURETÉ	DENSITÉ	CARACTÈRES
вв	Vert	5	4,1—4,3	Cristaux petits, souvent à éclat vitreux ; verts.
пэчеих	Blanc	2,5—3	2,1—2,2	Saveur alcaline.
пэчеих	Vert bleuâtre	2,5—3	4,2—4,3	Eclat nacré sur les faces de clivage ; verte.
пэчеих	Nul	3,5—4	2,2	Cristaux très-petits, jaune rouge ou rouge brun.

8

Système Klinorhombique

ESPÈCES	FORMES ORDINAIRES	ANGLES	CLIVAGE OU CASSURE
Linarite	m; a^1; h^1; p	$m=61°$	Suivant h^1
Johannite	p; h^1; m	$m=69°$	Suivant m
Réalgar	m; p; h^3; b^1	$m=74°26'$	Suivant p
Natron	m; b^1; h^1	$m=76°28'$	Suivant h^1
Biebérite	m; p; a^1	$m=82°20'$	Rugueuse
Mélantérite	m; p; h^1; o^1	$m=82°22'$	Suivant p vant m nettemem
Glaubérite	b^1; d^1; m	$m=83°20'$	Suivant p vant m faitemem
Lonéardite	m; p	$m=83°30'$	Suiv. m et nettemem vant p
Wollastonite	m	$m=84°25'$	Suivant p
Barytocalcite	m; b^1; h^2	$m=84°52'$	Suivant b^1
Laumonite	m; p; h_1	$m=86°16'$	Suivant h^1

Minéraux dépourvus d'éclat métallique

ÉCLAT	TRAIT	DURETÉ	DENSITÉ	CARACTÈRES PARTICULIERS
...nantin	Bleu pâle	2,5—3	5,3—5,4	Bleu d'azur; translucide.
...eux	Vert serin	2—2,5	3,1	Saveur amère; cristaux très-petits, vert pré.
...	Orangé	1,5—2	3,4—3,6	Rouge; faces latérales striées.
...eux	Blanc	1—1,5	1,4—1,5	Saveur fortement alcaline.
...eux	Blanc rougeâtre	2—2,5		Rouge; saveur astringente.
...eux	Blanc verdâtre	2	1,8 —1,9	Saveur âcre et astringente.
...eux	Blanc	2,5—3	2,7—2,8	Saveur un peu salée.
...eux	Blanc	3—3,5	2,2	Cassure à éclat vitreux.
...cré	Blanc	4,5—5	2,7—2,9	Rarement en cristaux libres.
...reux	Blanc	4	3,6	En aiguilles; blanc jaunâtre.
...reux	Blanc	3,5	2,7	Eclat nacré sur h^1.

Système Klinorhombique

ESPÈCES	FORMES ORDINAIRES	ANGLES	CLIVAQA OU CASSUBE
Mirabilite	p; h^1; g^1; a^1; m	$m = 86°31'$	Suivant h^1 ʿ𝄫
Achmite	h^1; g^1; m; b^1; a^1	$m = 87°$	Suivant m ꜱꜱ
Triphane	h^1; g^1; m; b^1;	$m = 87°$	Suivant m ꜱꜱ
Pyroxène	m; h^1; g^1; b^1; p. Macles	$m = 87°6'$	Suivant m ꞏ ꜱꜱ
Sahlite	Comme le Pyroxène	$m = 87°6'$	Suivant m ꙋ ꜱꜱ
Diopside	Comme le Pyroxène	$m = 87°6'$	Suivant m ꞏ ꜱꜱ ꞏ
Augite	Comme le Pyroxène	$m = 87°6'$	Suivant m ꜱꜱ ꞏ
Klaprothine	b^1; d^1; a^1; p; o^1; g^1. Macles	$m = 91°30'$	Suivant mꜱꜱ ꞏ faitememem
Scolézite	m; b^1; d^1. Macles.	$m = 91°35'$	Suivant m ꜱꜱ ꞏ
Borax	g^1; p; m; a^1; b^1; o^1; e^1	$m = 93°$	Suivant m ꞏ ꜱꜱ ꞏ
Monazite	g^1; p; m; a^1; b^1; o^1; e^1	$m = 93°23'$	Suivant p ꞏ ꞯ 𝄫

Minéraux dépourvus d'éclat métallique

ÉCLAT	TRAIT	DURETÉ	DENSITÉ	CARACTÈRES PARTICULIERS
xuə·eux	Blanc	1,5—2	1,4—1,5	Saveur fraîche, salée et un peu amère.
xuə·eux	Jaune gris	6—6,5	3,5—3,6	En longs prismes ; brunâtre.
xuə·eux	Blanc	6,5—7	3,1—3,2	Eclat nacré sur les faces de clivage ; verdâtre.
xuə·reux	Gris	5,6	3,2—3,5	}
xuə·reux	Gris	5,6	3,2—3,5	Transparents ou translucides verdâtres.
xuə·reux	Gris	5,6	3,2—3,5	
xuə·reux	Gris	5,6	3,2—3,5	Souvent incrustée ; parfois noire et opaque.
xuə·reux	Incolore	5,6	3—3,1	Bleuâtre.
xuə·reux	Blanc	5—5,5	2,2—2,5	En longs prismes ou en aiguilles.
sa·as	Blanc	2—2,5	1,5—1,7	Saveur salée alcaline.
sa·as	Jaune rougeâtre	5 5,5	4,9—5,9	Rare ; rouge ou brune.

Système Klinorhombique

ESPÈCES	FORMES ORDINAIRES	ANGLES	CLIVAGE OU CASSURE
Crocoïse	m; d^2; b^2	$m=93°42'$	Suivant m sw
Erythrine	h^1; g^1; e^1; m	$m=94°12'$	Suivant g^1 ^{l}v
Wagnérite	m	$m=95°25'$	Suivant m sw
Turnérite	Cristaux compliqués	$m=96°10'$	Suivant h^1 ^{l}s
Azurite	m; p; $d^{\frac{1}{2}}$	$m=99°32'$	Suivant msw parfaitensj
Datolithe	p; m; h^2; d^1	$m=102°30'$	Suivant h^1 ^{l}s imparfaitetis
Malachite	d^1 p; g^1	$m=104°20'$	Suivant p ᴜ q :
Gaylussite	m; a^1; d^1; p	$b^1=111°10'-$	Suivant msw s
Vivianite	h^1; m; b^1 g^1	$m=111°12'$	Suivant g^{ll}v s
Gypse	m; d^1; g^1	$m=111°42'$	Suivant g^{r}v j,

Minéraux dépourvus d'éclat métallique

ÉCLAT	TRAIT	DURETÉ	DENSITÉ	CARACTÈRES PARTICULIERS
...mantin	Orangé	2,5—3	6,6—1	En longs prismes; rouge.
...reux	Rouge pâle	2,5	2,9—3	Eclat nacré sur les faces de clivage; cristaux petits en tables ou en aiguilles.
...reux	Blanc	5,5	3,1	Rare; cristaux petits.
...amantin	Grisâtre	4,5		Très-rare.
...reux	Bleu d'azur	3,5—4	3,6—3,8	En prismes courts ou tables épaisses; bleu d'azur.
...reux	Blanc	5—5,5	2,9—3	En tables épaisses.
...eux	Vert	3,5—4	3,6—4	Vert émeraude.
...reux	Gris	2,5	1,9	
...reux	Bleuâtre	1—5,2	2,6—2,7	Bleue; en tables verticales.
...reux	Blanc	1,5—2	2,2—2,4	

Système Klinorhombique

ESPÈCES	FORMES ORDINAIRES	ANGLES	CLIVA... OU CASS...
Keilhauïte	b^1; d^1 m; h^1	$m = 114°$	Suivant $d \cdot b$
Pharmacolithe	p; m; b^1; e^2	$m = 117°24'$	Suivant g^1
Feldspath	m; p; g^1; a^1	$m = 118°50'$	Suivant p
Adulaire	»	$m = 118°50'$	»
Orthose	»	$m = 118°50'$	»
Sanidine	»	$m = 118°50'$	»
Botryogène	m; h^5; p; a^2	$m = 119°56'$	Suivant m
Mica de potasse	écailles rhombiques ou hexagonales	$m = 120°$ ou $60°$	Suivant p
Brewstérite	m; g^1	$m = 121°$	Suivant g
Ripidolithe	b^1; d^1; p; $a^{\frac{1}{4}}$	$m = 121°28'$	Suivant p

Minéraux dépourvus d'éclat métallique

..IOCLAT	TRAIT	DURETÉ	DENSITÉ	CARACTÈRES PARTICULIERS
ara̱s	Gris clair ou brun	6—7	3,5—3,7	Brun rouge; éclat vitreux sur les faces de clivage.
ᴊᴇ⟩ʇreux	Blanc	2—2,5	2,6—2,7	Eclat nacré sur les faces de clivage; cristaux très-petits.
ᴇ⟩ʇreux	Blanc	6	2,5—2,6	
ᴇ⟩ʇreux	Blanc	6	2,5—2,6	Eclat vif; transparent, incolore ou blanc.
ᴇ⟩ïitreux	Blanc	6	2,5—2,6	Transparente ou translucide.
ᴇ⟩ïitreux	Blanc	6	2,5 - 2,6	Transparente; grise; d'ordinaire en tables.
ᴇ⟩ïitreux	Blanc d'ocre	2,5	2	Rouge hyacinthe ou jaune brun.
ᴊosacré	Blanc grisâtre	2—3	2,8—3,1	Lames minces, élastiques, d'ordinaire blanc d'argent.
ᴇ⟩ïitreux	Blanc	5	2,1—2,2	Eclat nacré sur g^1.
ᴊosacré sur p	Blanc verdâtre	2—3	2,6 - 2,7	Lames minces, vertes, flexibles.

8.

Système Klinorhombique

ESPÈCES	FORMES ORDINAIRES	ANGLES	CLIVAGES OU CASSURE
Amphibole	m; p; h^1; g^1; a^1	$m=124°30'$	Suivant m; m; net suivant
Actinote	n'a généralement que m et p	$m=124°30'$	Suivant m
Hornblende	comme ci-dessus	$m=124°30'$	Suivant m
Hornblende basaltique	m; p; b^1; h^1	$m=124°30'$	Suivant m
Sphène	m; p; $a\frac{1}{4}$; a^1; e^1 macles	$m=133°54'$	Suivant m
Euclase	h^1; $(d\frac{1}{4}$ $b\frac{1}{4}$ $g\frac{1}{2})$; g^1; m	$m=144°45'$	Suivant g^1
Epidote	h^1; a^1; p^1; d^1; b^1	$p : h^1 = 90°35'$	Suivant h^1
Heulandite	g^1; h^1; c^1; p	$p : h^1 = 116°20'$	Suivant g^1

Minéraux dépourvus d'éclat métallique

ÉCLAT	TRAIT	DURETÉ	DENSITÉ	CARACTÈRES PARTICULIERS
...eux	Gris	5—6	2,9—3,4	
...eux	Gris	5—6	2,9—3,4	Longs prismes verts transparents.
...eux	Gris	5—6	2,9—3,4	Opaque, vert sombre ou noir ; faces de clivage présentant des fentes.
...eux	Gris	5—6	2,9—3,4	
...eux	Blanc	5—5,5	3,4—3,6	Vert ou brun ; transparent ou translucide.
...eux	Blanc	7,5	3	
...eux	Gris	6—7	3,2—3,5	Longs prismes horizontaux formés par h^1.
...eux	Blanc	3—5,4	2,1—2,2	Eclat nacré sur g^1.

SYSTÈM?

(Les angles donnés . ?

ESPÈCES	FORMES ORDINAIRES	ANGLES	CLIVAGH?A OU CASSUIUE
Babingtonite	h^1; g^1; t; m; p	90°24'	Suivant p
Pyrallolite	m; d;^{1} h^1	94°36'	Suivant h^1
Sillimanite	t; m;f^1; p	98°	Suivant p^1
Disthène	m; t;f^1; p	106°15'	Suivant m
Axinite	m; p; h^1	115°30'	Suivant p
Sassoline	m; p; g^1	118°30'	Suivant p
Anorthite	p; g^1 t; m	120°30'	Suivant p
Oligoclase	p; t; g^1	120°42'	Suivant p

ꟼORTHIQUE

…les obtus des prismes).

…LLAT	TRAIT	DURETÉ	DENSITÉ	CARACTÈRES PARTICULIERS
…neux	Gris verdâtre	5,5—6	3,4—3,5	Cristaux petits, noirs.
…s	Blanc	3,5—4	2,5—2,6	Blanc verdâtre ou jaunâtre.
…s	Blanc	6,5—7	3,3	Longs prismes incolores ou bruns.
…neux	Blanc	5—7	3,5—3,6	En longs prismes.
…neux	Blanc	6,5—7	3,2—3,3	Trichroïsme.
…tré	Blanc	1	1,4	Lames hexagonales, blanches; saveur salée, puis amère.
…neux	Blanc	6	2,6—2,7	Cristaux petits.
…neux	Blanc	6	2,6	*p* finement strié.

Système Anorthique

ESPÈCES	FORMES ORDINAIRES	ANGLES	CLIVAGD/ OU CASSUDE
Labrador	m; t; p; g^1	121°37'	Suivant p ι q
Albite	g^1; p; t; m; $o\frac{1}{2}$ macles	122°15	Suivant p ι q
Cyanose	m; t; d^1; h^1	123°10	Suivant m sm parfaitemme.

Système Anorthique

AJ:LAT	TRAIT	DURETÉ	DENSITÉ	CARACTÈRES PARTICULIERS
:ue·eux	Blanc	6	2,6—2,7	p et h^1 finement striés.
:ue·eux	Blanc	6—6,5	2,6	Faces de clivage à éclat nacré.
:ue·eux	Blanc bleuâtre	2,5	2,1—2,3	Bleue; saveur désagréable.

SYSTÈM[II

*(Les angles indiqués sont : à gauche, les angles à la ba*od

MINÉRAUX[I

ESPÈCES	FORMES ORDINAIRES	ANGLES	CLIVA&A' OU CASSI22
Breithauptite	m; p; b^1; a^1	112°10'—130°58'	Rugueuse ear
Polybasite	p; m; b^1	117°—129°32'	Suivant 1 parfaite*i*
Osmium iridifère	p; m; b^1	124°—127°36'	Suivant p q
Pyrrhotine	p; m	126°50'—126°52'	Suivant n parfaite*i*
Nickéline rouge	m; p; b^1	$b^1 = 86°50'$	Conchoïde*bï*o
Mohybdénite	m; p		Suivant p q *ir*
Ténorite	m; p		
Graphite	m; p	$m = 122°24'$	Suivant p q *ir*

IOMBOÈDRIQUE

DD.GONALE

…ides dihexaèdres; à droite, les angles des arêtes culminantes).

AAT MÉTALLIQUE

AJLAT	TRAIT	DURETÉ	DENSITÉ	CARACTÈRES PARTICULIERS
illallique	Brun rouge	5	7,5 — 7,6	Rouge de cuivre léger; cristaux rares.
illallique	Noir	2 2,5	6 — 6,5	En tables noir de fer.
illallique	Nul	7	19,3	En tables d'un blanc d'étain.
illallique	Gris foncé	3,5 — 4,5	4,4 — 4,7	Brune, magnétique.
illallique	Brun foncé	5 — 5,5	7,3 — 7,7	Rouge de cuivre ; rarement cristallisée.
illallique	Gris noir	1 — 1,5	4,5 — 4,6	Grasse au toucher, colorant les doigts; d'un gris de plomb pâle.
illallique	Nul			Lames minces ; d'un gris d'acier brune ; par transparence.
illallique	Noir	0,5 — 2	1,8 — 2,4	En feuillets minces ; gras au toucher ; colorant les doigts.

9

SYSTÈMH

MINÉRAUX DÉPOURW:

ESPÈCES	FORMES ORDINAIRES	ANGLES	CLIVAOA OU CASSⅢ8ᴇ
Coquimbite	p; m	58°—128°8'	Suivant m parfaiterᴏíi
Emeraude	m; b^1; p	59°54'—151°5'	Suivant p parfaiterᴏíi suivant · ín
Vanadinite	m; p; b^1	80°—142°30'	Conchoïde ᴇbi
Apatite	m; b^1; p; h^1; a^1; b^2	80°26'—142°12'	Suivant mⅲ
Pyromorphite	m; b^1; p; h^1	80°44'—142°12'	Suivant b^1ⅉ parfaiterᴇíi
Mimétite	comme la pyromorphite	80°44'—142°12'	Suivant b^1ⅉ parfaiterᴏíi
Nussiérite	comme la pyromorphite	80°44'—142°12'	Ecailleuse ᴇaɽ
Gmélinite	b^1; p; m	80°54'—142°14'	Suivant b^1ⅉ ɨ

...OMBOÈDRIQUE

...OGONALE

...CLAT MÉTALLIQUE

...CLAT	TRAIT	DURETÉ	DENSITÉ	CARACTÈRES PARTICULIERS
...reux	Blanc	2—2,5	2—2,1	Saveur analogue à celle du vitriol.
...reux	Blanc	7,5—8	2,6—2,7	m fortement strié ; cristaux verts, vert bleus ou vert jaunes.
...as	Blanc	3	6,8—7,2	Rare ; cristaux petits, jaunes et bruns.
...reux	Blanc	5	3,1—3,2	Eclat gras sur les faces de clivage et la cassure ; angles et arêtes souvent arrondis.
...as	Jaune faible	3,5—4	6,9—7	m souvent dépolie et bombée, le plus souvent grise.
...amantin ou gras	Jaune faible	3,5—4	7,1—7,2	D'ordinaire jaune.
...as	Blanc jaunâtre	4—4,5	5	Généralement brune.
...reux	Blanc	4,5	2—2,1	Blanche.

Système Rhomboèdrique

ESPÈCES	FORMES ORDINAIRES	ANGLES	CLIVAGD/ OU CASSUUƧ
Greenokite	m; b^1; $b\frac{1}{2}$	87°13'—149°38'	Suivant m sn
Néphéline	m; p; b^1	88°6'—139°19'	Suivant p q
Pyrosmalithe	m; p; b^1	101°34'—139°10'	Suivant p q
Chlorite	m	106°50'—132°40'	Suivant p q
Kämmérérite	p; m	120°18'—168°52'	Suivant p q
Covelline	p; m	155°	Suivant p q
Parisite	b^1; p	164°58'—130°34'	Suivant p q

Minéraux dépourvus d'éclat métallique

ÉCLAT	TRAIT	DURETÉ	DENSITÉ	CARACTÈRES PARTICULIERS
...lamantin	Rouge brique	3—3,5	4,8	Jaune ou brun rouge ; hémimorphique ; rare.
...treux	Blanc	5,5—6	2,5—2,6	Eclat gras sur la cassure.
...as ou na-...; métal-...ue	Vert clair	4—4,5	2,9—3	Eclat nacré sur les faces de clivage ; brune ou verte.
...cré	Verdâtre	1—1,5	2,7—2,9	Ecailles minces, un peu flexibles.
...cré		2—3	2,6	Ecailles rouges, violettes, vertes.
...as	Nul	1,5—2	3,8	Bleu d'indigo, ou noire.
...treux	Blanc jaunâtre	4,5	4,3	Rare.

SYSTÈME E

B. CRISTALLISAT.T/

(Les angles donnés son

MINÉRAUX X

ESPÈCES	FORMES ORDINAIRES	ANGLES	CLIVAGE.D. OU CASSU EU.
Tétradymite	a^1; p; b^1. Macles.	66°40'	Suivant a^1
Arsenic	a^1; p; b^1	58°4'	Suiv. a^1 et nra nettement a^1 vant b^1
Craïtonite	a^1; p; b^1	85°40'	Suivant a^1
Fer oligiste	p; a^1; e^2; b^1	86°	Suivant a^1
Tellure natif	a^1; p; $e^{\frac{1}{2}}$; e^2	86°57'	Suivant e^2; vant a^1 immi faitement
Antimoine natif	p; $a^{\frac{1}{3}}$; a^1	87°35'	Suivant a^1
Bismuth natif	p; a^1	87°40'	Suivant p

O OMBOÈDRIQUE

HMMBOÈDRIQUE

es latéraux du rhomboèdrique)

ALAT MÉTALLIQUE

JOCLAT	TRAIT	DURETÉ	DENSITÉ	CARACTÈRES PARTICULIERS
Istètallique	Noir	1—2	7,4—7,5	D'un blanc d'argent ou d'étain.
Istètallique	Blanc d'étain	3,5	5,7	Cristaux très-rares et petits; blanc d'étain; mat et noir; irisé.
Istètallique	Noir	5—6	4,6—5	Magnétique.
Istètallique	Rouge cerise	5,5—6,5	5,1—5,2	p strié horizontalement ; noir de fer.
Istètallique	Blanc d'étain	2—2,5	6,1—6,4	Très-rare, cristaux petits.
Istètallique	Nul	3—3,5	6,6—6,8	Très-rare, cristaux petits.
Istètallique	Nul	2—2,5	9,6—9,8	Souvent oblitéré ; blanc d'argent à reflet rougeâtre ; irisé.

Système Rhomboèdrique

ESPÈCES	FORMES ORDINAIRES	ANGLES	CLIVAGE. OU CASSUUI
Pyrargyrite	b^1; $(b^1\ d$; $d\frac{1}{2})$; p; $\frac{1}{2}(e^2)$	107°50'	Suivant b^1
Millérite	a^1; e^3	144°8'	Suivant p

MINÉRAUX DÉPOURVIV

Pennine	p; a^1	65°50'	Suivant a^1
Tétradymite	a^1; p; b^1. Macles	66°40'	Suivant a^1
Biotite	a^1; p; prismes divers	71°4'	Suivant a^1
Cinabre	p; a^2; $a\frac{4}{3}$; a^1; e^2	71°48'	Suivant e^2
Eudialyte	a^1; p; $a\frac{5}{3}$; prismes divers	73°30'	Suivant a^1
Brucíte	a^1; p; b^1	82°22'	Suivant a^1
Corindon	p; a^1; d^1; scalenoèdres	86°4'	Suivant p ete
Jarosite	a^1; p	88°58'	Suivant a^1

Minéraux à éclat Métallique

ÉCLAT	TRAIT	DURETÉ	DENSITÉ	CARACTÈRES PARTICULIERS
adamantin à métallique	Rouge coche-nille ou rouge cerise	2—3	5,8	
métallique	Nul	3,5	5,2—5,3	En aiguilles ; jaune de laiton.

ÉCLAT MÉTALLIQUE

nacré	Blanc verdâtre	2,3	2,6	Un peu grasse au toucher ; en tables vertes.
mat	Noir	1—2	7,4—7,5	Blanc d'argent ou d'étain.
vitreux	Gris verdâtre	2,5	2,8—2,9	Éclat nacré sur a^1 ; brune ou noire ; en écailles minces.
adamantin	Rouge écarlate	2—2,5	8—8,2	Strié horizontalement, rouge passant au bleu.
vitreux	Blanc	5 - 5,5	2,8—2,9	Rare ; rougeâtre.
nacré	Blanc	1,5—2	2,3—2,4	Un peu grasse au toucher ; en tables minces.
vitreux	Blanc	9	3,9—4	Quelques variétés ont l'éclat nacré sur a^1.
vitreux	Jaune d'ocre	3—4	3,2	En petites tables.

9.

Système Rhomboédrique

ESPÈCES	FORMES ORDINAIRES	ANGLES	CLIVAGE OU CASSURE
Alunite	p; a^1	89°10'	Suivant a^1
Beudantite	p; a^1; b^1	91°18'	Suivant a^1
Quartz	p; e^1; $e^1_{\frac{1}{2}}$; d^1_2	94°15'	Suivant p parfaitemnse
Chabasie	p; b^1; e^1; macles	94°46'	Suivant p
Levyne	a^1; p; b^1	100°31'	Suivant p immi faitement dns
Calcaire	p; a^1; e^1; e^2; e^n a^1; a^2; scalénoèdr.	105°5'	Suivant p
Dolomie	p; b^1; e^1; e^2; a^1; d^1	106°15'	Suivant p
Natronitre	p	106°30'	Suivant p
Ankerite	p; b^1	106°12'	Suivant p
Diallogite	p; a^1; b^1	106°51'	Suivant p
Sidérose	p; b^1; a^1	107°	Suivant p

Minéraux dépourvus d'éclat Métallique

...CLAT	TRAIT	DURETÉ	DENSITÉ	CARACTÈRES PARTICULIERS
uərreux ou ɪɔʁɴacré	Blanc	5	2,6—2,7	
uərreux	Blanc verdâtre	3,5	4—4,3	
uərreux	Blanc	7	2,6	Cassure à éclat gras.
uərreux	Blanc	4—4,5	2—2,1	Souvent strié; d'ordinaire incolore.
uərreux	Gris	4	2,1—2,2	
uərreux ou ɪɔʁɴacré	Blanc	3	2,6—2,8	
uərreux	Blanc	3,5 4	2,8—3	Souvent courbé en forme de selle.
uərreux	Blanc	1,5—2	2—2,2	Saveur amère et fraîche.
uərreux ou ɪɔʁɴacré	Blanc	3,5—4	2,9—3,1	Jaunâtre.
ɪərreux	Blanc rougeâtre	3,5—4	3,3—3,6	En forme de selle; rose clair.
ɪərreux	Brun clair	3,5—4	3,7—3,9	Grise ou brune.

Système Rhomboèdrique

ESPÈCES	FORMES ORDINAIRES	ANGLES	CLIVAGE OU CASSURU
Mésitine	b^1; a^1	107°14'	Suivant p
Giobertite	p; b^1 a^1	107°25'	Suivant p
Calamine	p; b^1; e^1; a^1; d^1	107°40'	Suivant p
Xanthocone	a^1; p; $e^{\frac{1}{2}}$	108°26'	Suivant p et de
Pyrargyrite	p; d^1; b^1; a^1	108°42'	Suivant b^1
Troostite	p; d^1	115°	Suivant d^1
Phénakite	p; d^1	116°36'	Suivant p ee
Dioptase	d^1; e^1	126°24'	Suivant p
Willémite	e^2; p; a^1	128°30'	Suivant a^1 ee imparfaitemeti
Tourmaline	e^2; p; d^1; d^2; a^1	133°8'	Suivant p e q imparfaiteueti

Minéraux dépourvus d'éclat Métallique

ÉCLAT	TRAIT	DURETÉ	DENSITÉ	CARACTÈRES PARTICULIERS
...reux	Blanc	3,5	3,3—3,4	Cristaux jaunâtres, lenticulaires.
...reux	Blanc	4—4,5	2,9—3,1	Eclat parfois nacré sur les faces de clivage.
...reux	Blanc	5	4,1—4,5	
...amantin	Orangé	2—3	5,2	Jaune ou brune; en tables minces.
...amantin	Rouge cochenille ou rouge cerise	2—3	5,7—5,8	
...eux ou vi-...reux mé-tallique	Jaunâtre	5,5	4—4,1	Verte, jaune ou brune.
...reux	Blanc	7,5—8	2,9 - 3	
...treux	Vert	5	3,2—3,3	Verte, transparente.
...as	Blanc	5,5	4,1—4,2	Cristaux petits.
...treux	Blanc	7—7,5	2,9—3,2	Hemimorphisme; faces du prisme striées verticalement; devient électrique par la chaleur.

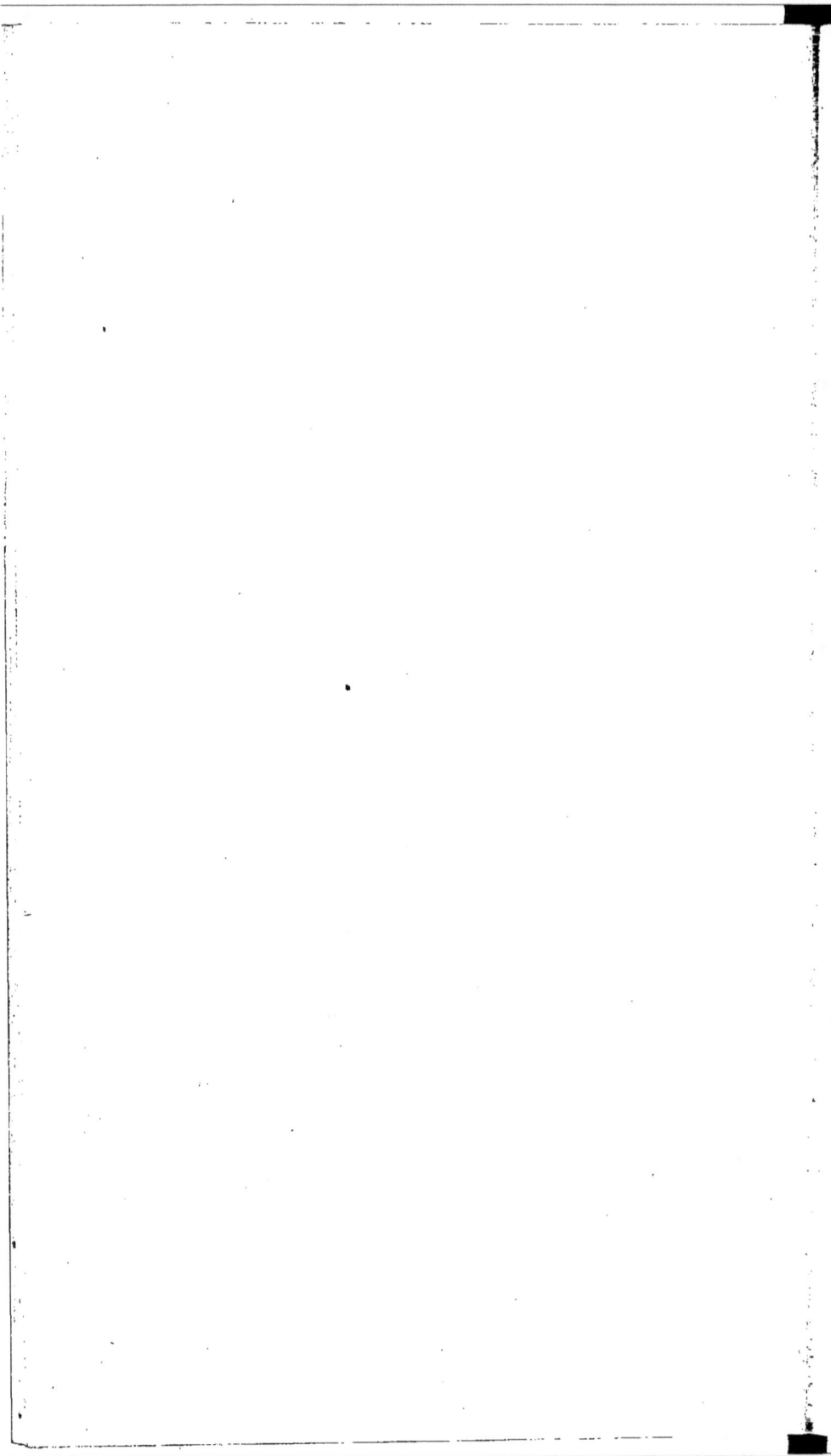

CORRESPONDANCE DES SIGNES CRISTALLOGRAPHIQUES

EN LANGAGE ORDINAIRE

Système Cubique

p .... Cube.

a^1 .... Octaèdre.

a^2; a^3; ....a^m Leucitoèdres.

$a_{\frac{1}{2}}^1$; $a_{\frac{1}{3}}^1$; ....$a_{\frac{1}{m}}^1$ Octaèdres pyramidés.

b^1 .... Dodécaèdre rhomboïdal.

b^2; b^3; ....b^n Cubes pyramidés.

$(b_{\frac{1}{m}}^1 \ b_{\frac{1}{n}}^1 \ b_{\frac{1}{p}}^1)$ .... Hexoctaèdre.

Système Quadratique

p .... Base.

m............................ Prisme.

b^1........................... Octaèdre.

b^m........................... Octaèdres sur les arêtes.

a^1........................... Octaèdre inverse.

a^m .... Octaèdres sur les angles.

h^1........................... Second prisme.

h^m........................... Prismes octogones.

$(b_{\frac{1}{m}}^1 \ b_{\frac{1}{n}}^1 \ h_{\frac{1}{p}}^1)$.............. Pyramides octogones.

Système Orthorhombique

p	Base.
m	Prisme.
a^1	Prisme horizontal.
a^m	Prismes horizontaux.
b^1	Octaèdre.
b^m	Octaèdres sur les arêtes.
e^1	Prisme horizontal.
e^m	Prismes horizontaux.
h^1	Couple de faces verticales.
g^1	Couple de faces verticales.
h^m	Prismes verticaux.
g^m	Prismes verticaux.
$\left(b\frac{1}{m} \quad b\frac{1}{n} \quad h\frac{1}{u}\right)$ $\left(b\frac{1}{m} \quad b\frac{1}{n} \quad g\frac{1}{u}\right)$	Octaèdres sur les angles.

Système Rhomboèdrique

A. *Cristallisation hexagonale.*

p	Base hexagonale.
b^1; b^2; ....b^m	Dirhomboèdres.
h^1	Prisme hexagonal.
m	2me prisme hexagonal.
h^m	Prismes dodécagonaux.
$\left(b\frac{1}{m} \quad b\frac{1}{n} \quad h\frac{1}{p}\right)$	Scalénoèdres.

B. *Cristallisation rhomboèdrique.*

a^1	Base hexagonale.
p	Rhomboèdre primitif.

b^4........................... Rhomboèdre tangent.

d^4........................... Prisme hexagonal.

e^2........................... 2me prisme hexagonal.

$\left.\begin{array}{l} a^{in} \\ e^m \end{array}\right\}$...................... Rhomboèdres.

b^m........................... Scalénoèdres.

$(b^{\frac{4}{n}} \ d^{\frac{4}{o}} \ d^{\frac{4}{p}})$.............. Prismes dodécagonaux.

Système Clinorhombique

m........................... Prisme fondamental.

p........................... Base.

$\left.\begin{array}{l} b^4 \\ d^4 \end{array}\right\}$...................... Prismes inclinés, tangents.

d^m........................... Prismes inclinés sur les arêtes de la base.

$\left.\begin{array}{lll} b^{\frac{4}{m}} & b^{\frac{4}{n}} & h^{\frac{4}{p}} \\ b^{\frac{4}{m}} & d^{\frac{4}{n}} & g^{\frac{4}{p}} \\ d^{\frac{4}{m}} & d^{\frac{4}{n}} & h^{\frac{4}{p}} \\ d^{\frac{4}{n}} & b^{\frac{4}{m}} & g^{\frac{4}{p}} \end{array}\right\}$............ Prismes inclinés sur les angles.

$\left.\begin{array}{l} a^{in} \\ o^m \end{array}\right\}$...................... Couples de faces.

e^m........................... Primes inclinés.

h^m, g^m...................... Prismes verticaux.

$\left.\begin{array}{l} h^4 \\ g^4 \end{array}\right\}$...................... Couples de faces verticales.

Système Anorthique

$\left.\begin{array}{l} m \\ p \\ t \end{array}\right\}$...................... Faces du solide primitif.

10

$\left.\begin{array}{l} b^1 \\ d^1 \\ f^1 \\ c^1 \end{array}\right\}$ .... Couples de faces tangentes aux arètes de la base.

$\left.\begin{array}{l} g^1 \\ h^1 \end{array}\right\}$ .... Couples de faces verticales.

$o\frac{1}{2}$ .... Couple de faces sur l'angle o.

ERRATA

Page 2, ligne 9, au lieu de : au chalumeau, lisez : *du chalumeau*.
— 21, — 4, — Seélénium, — *Sélénium*.
— 21, — 11, — Clausthalite, — *Tiemannite*.
— 22, — 18, — Clausthalite, — *Tiemannite*.
— 26, — 7, — Bournomite, — *Bournonite*.
— 27, — 8, — Ni2Sb — *Ni²Sb*.
— 30, — 29, — Borytocalcite, — *Barytocalcite*.
— 38, — 16, — 3PbO,PbO⁵ — *3PbO,PO⁵*.
— 42, — 5, — 4i — *Li*
— 62, — 6, — Ullmamite — *Ullmanite*.
— 106, — 8, — Lonéardite — *Léonardite*.

TABLE DES MATIÈRES

10.

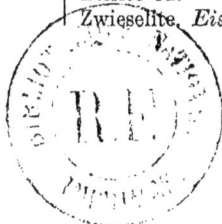